航空工学講座

〔6〕

プ ロ ペ ラ

公益社団法人

日 本 航 空 技 術 協 会

まえがき

飛行機が空中を飛行できるのは、主翼に生じる揚力によるものであるが、この揚力はどうしたら得られるのだろうか。これには、現在ではエンジンにプロペラを装着し、このプロペラの推力によって飛行機を前進させる方法と、ジェット・エンジンから得る高温・高圧ガスのエネルギーによって飛行機を前進させて揚力を得る方法とがある。本書はピストン・エンジン、ターボプロップ・エンジンに装着されている「プロペラ」について、詳しく、なるべく分かりやすく解説したものである。

本書は、米国 ANC-9 Aircraft Propeller Handbook をベースに航空技術に連載されたものが、昭和39年に航空工学講座第3巻第1版として、昭和47年には第2版が発行され、長年にわたり航空関係の学校等で教科書として使われてきました。今回は実用プロペラの一部を最新のものに更新し装いも新たに、航空工学講座第6巻として発行されました。

本講座の内容は、航空従事者の国家試験を監督している旧運輸省航空局乗員課で監修している「受験の手引き」に基づいて執筆されたものである。従って、当該科目の資格を取得しようとする者、航空整備士・操縦士訓練関係者あるいはプロペラの知識を修得しようとする一般の方々にも十分役立つものと確信する。

2007年1月

著者　記

今回の大改訂では、内容をより理解しやすく、視覚的にも読みやすいレイアウトといたしました。

なお今回の改訂にあたりましては、ご利用いただいております航空専門学校・航空機使用事業会社・エアライン・航空局からなる「講座本の平準化および改訂検討会」を設置し、各メンバーの皆様からご意見をいただきました。

ご協力をいただきました皆様には、この紙面を借りて厚く御礼を申し上げます。

2018年3月

公益社団法人　日本航空技術協会

目　　次

第１章　プロペラの基礎

概　　要

プロペラは、航空機や船に用いられ、エンジンの出力をプロペラの回転による推進力によって前進または後退させるための装置である。

航空機に用いられるプロペラは一般的に２枚から６枚のブレードと呼ばれる羽根により構成されており、ブレードを回転させることで空気に加速度を与えて推進力を得ている。

ブレードの断面形は飛行機の主翼と同様の形状をしており、主翼の翼型理論と合致するが、回転中のプロペラは先端へ行くほど流入する空気速度が大きくなるため、プロペラの付根付近はブレード角が大きく、先端へ行くほどブレード角が小さくなるよう、ねじりが付けられている。

飛行機が静止状態において、理論上、プロペラが１回転で進む距離を幾何学ピッチ（幾何ピッチ）という。また、飛行状態においてプロペラが１回転に進む距離を有効ピッチという。幾何ピッチと有効ピッチの差をすべり（Slip）という。

プロペラには固定ピッチ・プロペラと可変ピッチ・プロペラがあり、前者はピッチが固定のためエンジンの回転数の増減で推進力を変化させているが、後者は飛行状態に応じてピッチを変換することにより、プロペラ回転数を任意に設定し、プロペラ推進の効率を高めることができる。

また、多発機の場合は回転数を同調させることで騒音の低減を図るなど、快適な飛行を可能にしている。

1-1　プロペラの推力

回転中のプロペラのブレードは周囲の空気に作用を与え、これを加速し続ける。作用を受けた空気はプロペラに、その反作用を返す。これがプロペラの推力である。プロペラが周囲の空気に及ぼす作用の大きさは、ニュートンの第２法則により、運動量から求めることができる。第２法則によれば「任意方向の運動量の変化の割合は、その方向の外力に等しい」としている。この表現をプロペラの推力に適用すれば、「**空気に与えられた運動量の推力方向の変化の割合は、与えられた推力に等しい**」と言い換えることができる。

いま、プロペラにより単位時間に作用を受けた空気の質量を m、空気が得た速度を u とすれば空気に与えられた運動量は mu となり、これが推力 T に等しい。

$$T = mu \quad \cdots\cdots (1\text{-}1)$$

プロペラ推進では、この推力を得るのに比較的多量の空気に小さな速度を与える。一方、ジェット推進やロケット推進では、少量の空気に大きな速度を与えて推力を得る。

さて、(1-1) 式で表される運動量を空気に与え、空気を加速するためには、空気にエネルギを与えなければならない。このエネルギの大きさは、空気の運動エネルギの増加 Ke から求めることができる。

$$Ke = \frac{1}{2} mu^2 \quad \cdots\cdots (1\text{-}2)$$

ここで、飛行機が速度Vで前進しているときには、空気にさらに余分の運動量 mV を与えなければならない。**図 1-1** はプロペラ面の空気の流れの状態を示す。

飛行機が空気に与えた運動量は、$m(V+u) - mV = mu$、飛行機の行う有効仕事率は、$T \times V = muV$ となる。

一方、飛行機が空気に運動量 mu を与えるために費やしたエネルギは、空気が得た運動エネルギの増加に等しいから

$$\frac{1}{2} m\{(V+u)^2 - V^2\} = muV\left(1 + \frac{u}{2V}\right)$$ である。

従って、プロペラの推進効率 η は

$$\eta = \frac{T \times V}{\frac{1}{2} m\{(V+u)^2 - V^2\}} = \frac{1}{1 + \frac{u}{2V}} \quad \cdots\cdots (1\text{-}3)$$

すなわち、高い効率を得るためには、(u / V) の値が小さいほど良い。

従って、推力を得る場合にエネルギを少なくするためには、**大きな m に小さな u を与えた方が良い**ことになる。この点から、プロペラ推進の方がジェット推進やロケット推進より効率が良いことがわかる。また、プロペラはできるだけ大直径のものを用い、後流の速度を落とそうしていることがわかる。

ピストン機では通常

V = 300mph（440ft/sec）、u = 800ft／sec

ジェット機では

V = 600mph（880ft/sec）、u = 2,000ft/sec

ロケット機では

V = 1,000mph（1,467ft/sec）、u = 7,000ft/sec

くらいであるから（u/V）の値は、それぞれ 1.8、2.3 および 4.8 くらいとなり、ロケット機は、とて

も商業機として使用できないほど効率の悪いことがわかる。

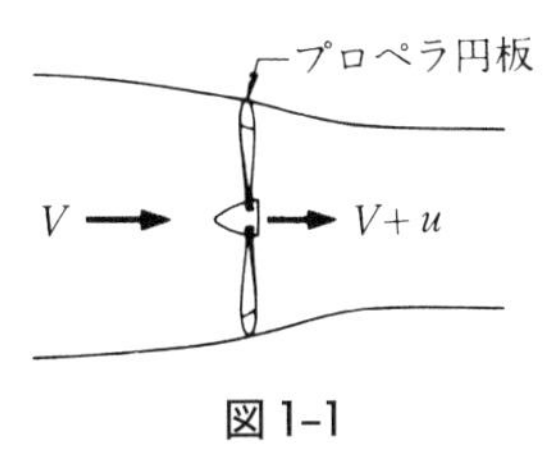

図 1-1

1-2　プロペラのブレードと作動状態

飛行機のプロペラは、普通 2 ～ 6 枚の**ブレード**（Blade）と、中心にある 1 個のハブ（Hub）で構成されている。**ハブ**はブレードを保持する役目と、エンジンによって駆動されるプロペラ軸またはクランク軸へプロペラを取り付ける役目をもつ。

プロペラのブレードは、**図 1-2** に示すように、その断面の形が飛行機の主翼と同じである。ただし、回転する点が主翼と異なり、回転のため高い遠心力を受けるので、ブレードの付根は円形断面の形状にして強度を増している。このブレードの付根を**シャンク**（Shank）と呼んでいる。推力を発生するというプロペラ本来の役目をつかさどるブレードの中央部は飛行機の主翼と全く同様の断面をもち同様に作用する。

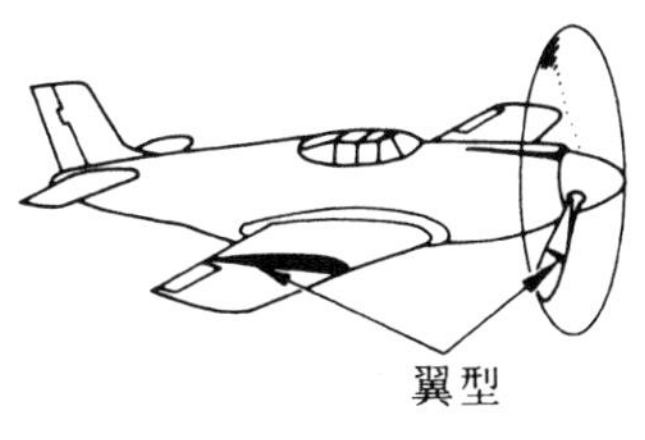

図 1-2

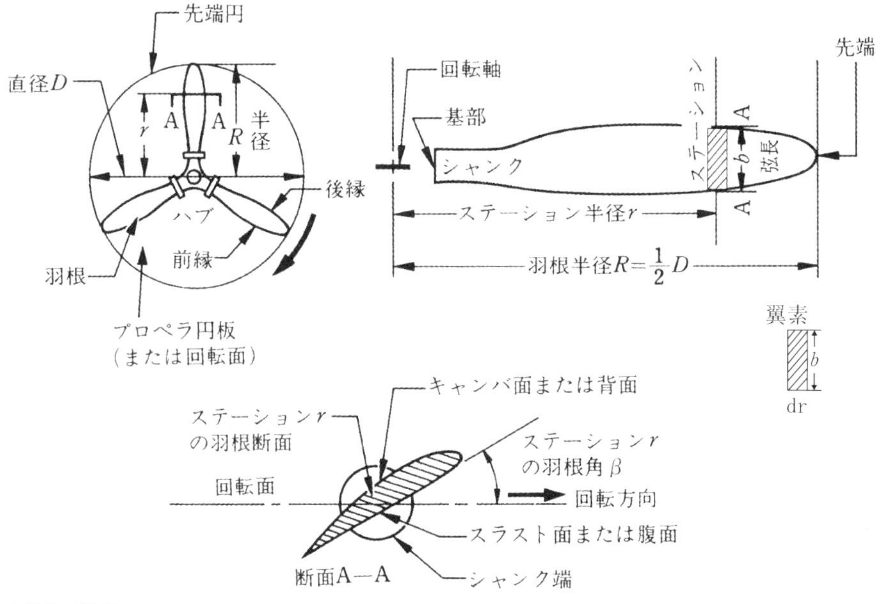

用語の説明

（1）プロペラ円盤（Disk）…………プロペラ回転面

（2）羽根角β（Blade Angle）……プロペラ回転面と翼弦とのなす角

（3）翼素（Blade Element）………ブレードの任意の半径rにおけるr＋drに囲まれた微小部分。なお、drは無限に小さな部分であり、ブレードは翼素の集合体

（4）前進角φ（ラセン角）…………プロペラ回転面とVr（プロペラ回転速度と航空機の前進速度との合成ベクトル）とのなす角
プロペラ前進速度と航空機の速度は等しく、Vrはブレード断面への空気流の方向と一致

（5）迎角α ……………………………Vrと翼弦とのなす角

（6）プロペラ・ピッチ ……………プロペラが1回転する間に進む距離（m又はin）

図1-3　プロペラ各部の名称と記号

ブレード・ステーション（Blade Station：STA）とは、ハブの中心から指定された距離のところにあるブレード上の参考位置である。

プロペラのブレードが推力を発生するためには、ブレード断面はプロペラ回転面に対してある角度をもっていなければならない。飛行中のプロペラが回転しているときには、ブレードの各断面は飛行機の前進運動と、その断面の回転運動とを合成した運動を行う。従って、各断面は**図1-4**に示すような、ラセンを描いて進むことになる。

ブレードが回転すると**図1-5**に示すように円周移動距離は、ハブに近い断面よりも先端近くの断面の方が長い距離を動くことになる。幾何ピッチ（1-5　プロペラのピッチ参照）は、円周移動距離に直角な線とブレード角（β）の延長線との交点となることから、ブレードが1回転したとき各断面における幾何ピッチが等しくなるようにブレード角（β）は、ハブに近い断面では大きく、先端近くの断面になるほど小さくなるように**ねじり**が付けられている。このねじりのため、ブレード角は半径

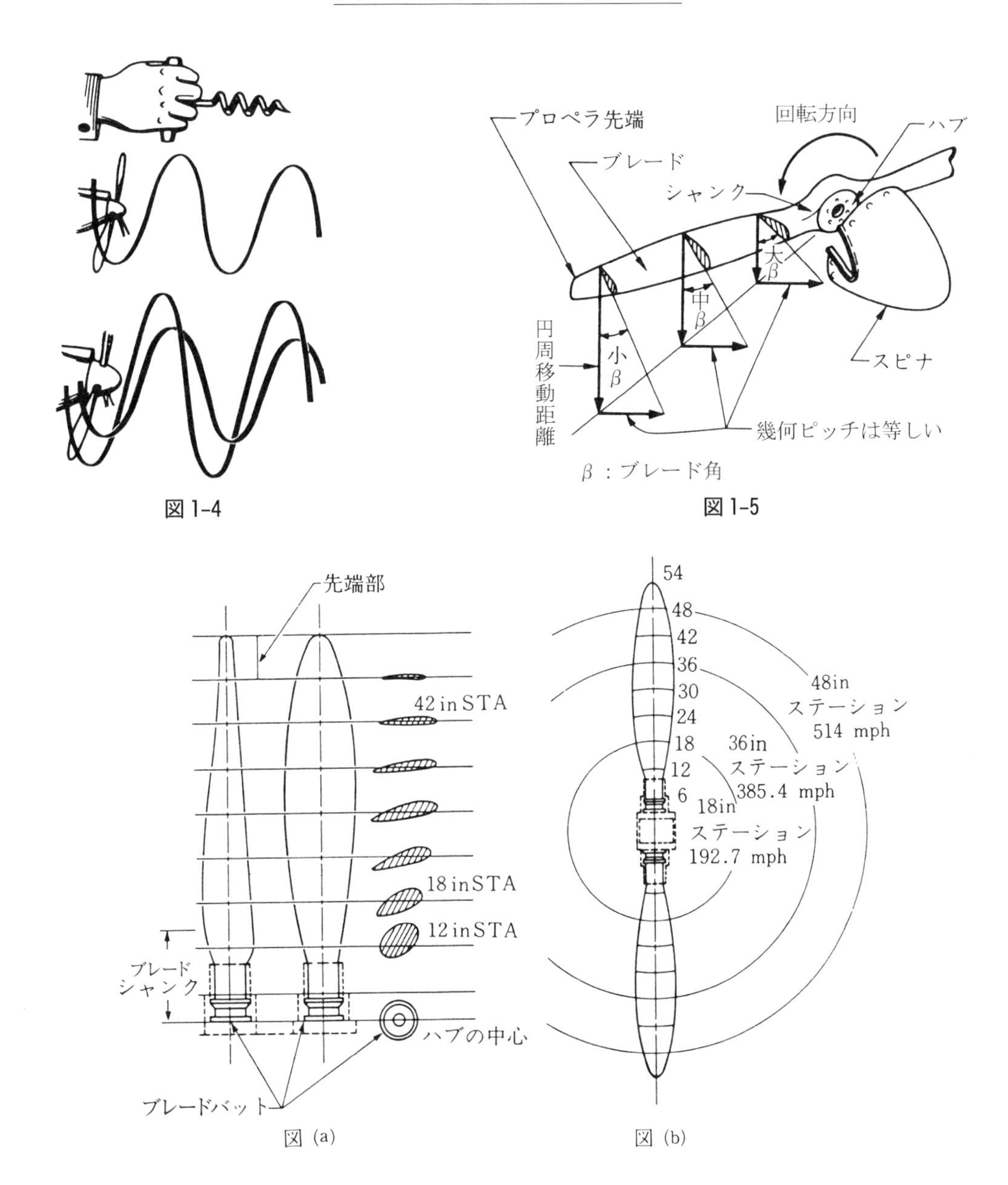

図 1-4

図 1-5

図 1-6　1,800 rpm 時のステーションの速度とピッチ分布

によって異なるので、通常、これを指定するには 2 / 3 R、0.7 R または 3/4 R のところの値で代表させる。**図 1-6** は代表的なプロペラのピッチ分布の一例である。

いま、プロペラ回転数を n とすれば、前述のように半径 r のところのブレード断面はプロペラ軸のまわりに 2 πrn の速度で回転し、一方、回転面と直角な飛行方向へ飛行の前進速度に等しい速度 V で進む。**図 1-7** は、この状態におけるプロペラ・ブレード断面の作動状態を示す。ベクトル（V_r）は前進速度ベクトル（V）と回転速度ベクトル（2 πrn）を合成したもので、このベクトルの方向と向きはブレード断面の進むラセン路の方向と向きを表している。言い換えれば、空気流は、この方向からブ

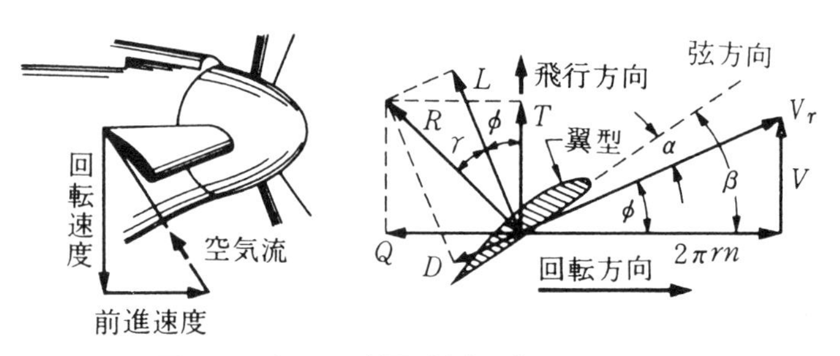

図 1-7　プロペラ断面（半径γ）のベクトル

レード断面へ流入する。

合成ベクトル（V_r）とプロペラ回転面のなす角（ϕ）は**前進角**（Angle of Advance）、または**ラセン角**（Helix Angle）と呼ばれる。断面の**弦**はこのラセン路方向から、さらに迎え角αだけ傾斜しており、結局、ブレード断面は空気に対し、ラセン速度（V_r）、迎え角αで運動し、空力反力（R）を受けることになる。

これらの値の関係を数式にまとめれば

$$\beta=\alpha+\phi \quad \cdots\cdots(1\text{-}4)$$

$$V_r=\sqrt{V^2+(2\pi rn)^2} \quad \cdots\cdots(1\text{-}5)$$

$$\tan\phi=\frac{V}{2\pi rn} \quad \cdots\cdots(1\text{-}6)$$

空力反力（R）は重要な意味をもつ２組の座標系に分解することができる。１組は（V_r）に直角な成分と、平行な成分に分解したもので、これらはそれぞれ、このブレード断面の揚力（L）と抗力（D）を表す。もう１組はプロペラの性能を問題にする場合の分け方で、プロペラ軸に平行な成分と、回転面に平行な成分に分解したものである。これらの成分は、それぞれ推力（T）と、トルク（Q）である。

推力はプロペラ軸に沿って働き、飛行機を前進させようとする成分である。トルクはプロペラ回転面に平行に働き、プロペラの回転を阻止しようとする成分であり、プロペラを回転するためには、これに打ち勝つだけのトルクをエンジンからプロペラへ供給しなければならない。

ブレードの形状は、普通、プロペラ径・基本設計揚力係数（Basic Design Lift Coefficient）または反り・厚さ比・剛率によって与えられる。たとえば、最近のNACAのブレード表示NACA10-(3)(08)-03では、最初の数字はプロペラ径（ft）を表し、次のカッコ内の数字は0.7R（半径）のところの基本設計揚力係数の10倍、第２カッコ内の数字は0.7Rのところの厚さ比の100倍、最後の数字群は0.7Rのところの弦長を、その半径における円周で割った比、すなわち剛率（２字は100倍、３字は1,000倍）を表している。

1-3　いろいろな飛行状態における前進角

地上滑走時には、**図 1-8** (a)に示すように、プロペラ回転速度 n_1 に対し前進速度 V_1 が特に小さいので、これらの成分からできる前進角 ϕ_1 は小さく、普通、0 ～ 10°くらいである。

離陸に入ると、最大回転数を用いるので n_2 は最大となるが、前進速度はまだ比較的小さくて、**図 1-8** (b)のようになる。普通 ϕ_2 は 10 ～ 25°くらいである。上昇に入ると、離陸回転数を少し絞って上昇回転数にセットするので、回転数は少し減るが、前進速度はさらに増し、**図 1-8** (c)のような作動状態となる。

巡航時には、前進速度がさらに増して**図 1-8** (d)のようになり、普通 ϕ_4 は 25 ～ 45°くらいとなる。降下時には、回転数・前進速度とも減り**図 1-8** (e)の状態となる。

以上のように、**前進角 ϕ は飛行状態によって大きく変わる**。ところで、プロペラのブレードの迎え角 α は、主翼の場合と同様に、ある特定の値にあるときに推力が最大となり、常にこの値を保つのが望ましい。しかし、固定ピッチ・プロペラのように飛行中にブレード角を変えることができないプロペラでは、飛行状態に応じて ϕ が大きく変わると、β（一定）$= \phi + \alpha$ の関係から、迎え角が大きく変わることになり、α が適当でない状態では非常に効率が悪くなる。

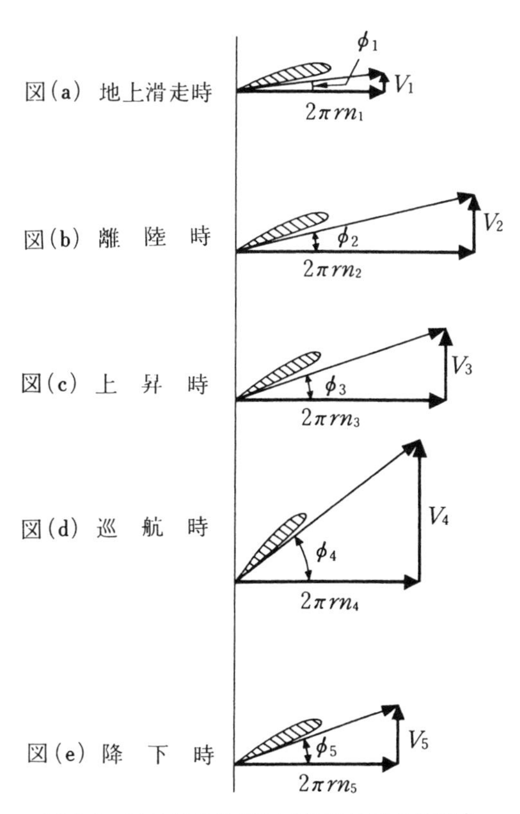

図 1-8　いろいろな飛行状態における前進角

そこで、飛行状態が変わり、ϕが変わっても、常に迎え角を最良の一定値（普通1～2°くらい）を保つようϕの変化に応じてブレード角βを変化させ、効率を良くしているのが可変ピッチ・プロペラである。

1-4　プロペラの迎え角とエンジン出力

いま、機速V、プロペラ回転数およびエンジン出力一定の定常飛行状態を考えよう。この場合のベクトル図は、**図1-9**(a)のようになる。この状態でプロペラのブレード角を減らせば、迎え角が減って**図1-9**(b)の状態となり、ブレードに働く空気反力（エンジン側から見れば、エンジン負荷）が小さくなるため、エンジン出力に余裕ができ、速い回転数でプロペラが回転するようになるか、または、エンジン出力を減らすことができる。

反対に、**図1-9**(c)のように迎え角を増せば、 空気反力が大きくなり、プロペラ回転数が減少するか、または、一定回転を保つためにはエンジン出力を増加してやらなければならない。

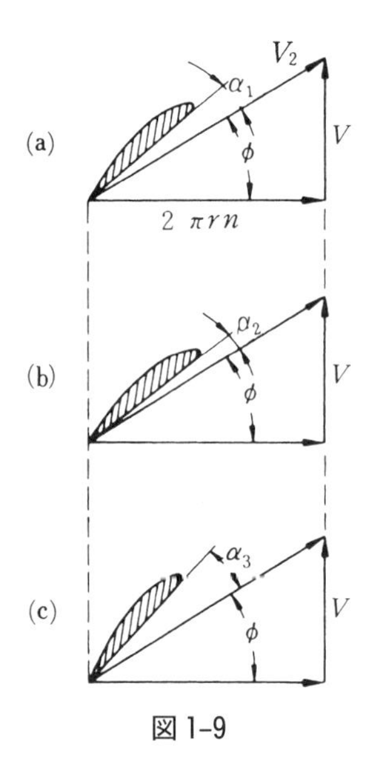

図1-9

1-5　プロペラのピッチ（Pitch）

プロペラのピッチとは、ねじのピッチと同じように、**プロペラが1回転する間に進む前進距離**（mまたはin）である。

プロペラが1回転する間にブレード断面は図1-10(b)に示すように、機の前進方向に$p' = 2\pi r \tan\beta$だけ進む。このp'は幾何ピッチ（Geometric Pitch）と呼ばれ、ブレードの形状のみによって

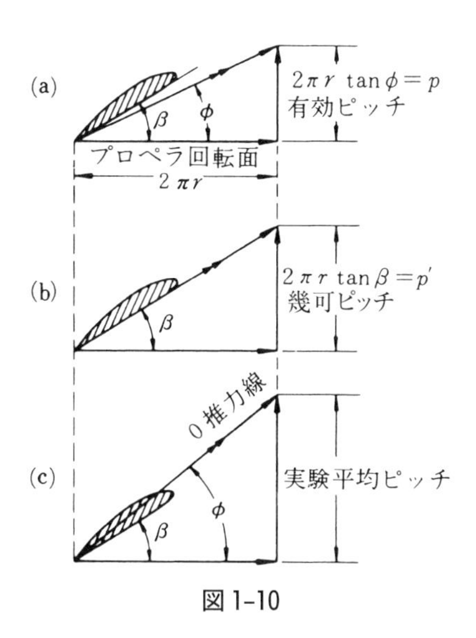

図 1-10

決まる量である。

通常、幾何ピッチは半径によってあまり変わらない。理由は、半径が小さくなるほど β を大きくし、半径が大きくなるほど β を小さくすることで、ピッチを一定するよう設計されている。

しかし、ときには幾何ピッチが全ブレードにわたり一定でないことがある。その場合には、$r=\frac{2}{3}R$、$0.7R$ または $\frac{3}{4}R$ のところの値で代表させ、**幾何平均ピッチ**（Geometric Mean Pitch）として表わす。固定ピッチ・プロペラの幾何ピッチの値は、低速機で2～3ft くらい、中速機で5～9ft くらいである。

各翼素のピッチがすべてが等しいブレードは、**等ピッチ分布ブレード**と呼ばれている。

飛行中のプロペラは、前述のように、プロペラ回転面と角 ϕ を成すラセン路に沿って進む。半径 r のところのブレード断面が、このラセン路に沿って1回転すると、**図 1-10**(a)に示すようにブレード断面は回転方向には $2\pi r$ だけ回り、前進方向には $2\pi r \tan\phi$ の距離だけ進む。この「進み」を**有効ピッチ**（Effective Pitch）といい、p で表す。

$$p = 2\pi r \tan\phi \quad \cdots\cdots (1\text{-}7)$$

この式に（1-6）式を代入すれば

$$p = \frac{V}{n} \quad \cdots\cdots (1\text{-}8)$$

上式から、有効ピッチは機速とプロペラ回転数の関数であり、飛行状態で瞬時に変化し、何らプロペラ固有の性質を表すものでないことが分かる。

以上、述べたピッチとは全く異なった考え方から出発したピッチがある。**図 1-10**(c)のように、プロペラ1回転当たりの進みが、ある値に達するとブレードの各部の迎え角が非常に小さくなり、ブレードの断面がもはや推力を発生しないようになる。このときのピッチを**実験平均ピッチ**（Experimental Mean Pitch）または、**ゼロ推力ピッチ**（Zero-thrust Pitch）という。これはプロペラの実験から決定される値である。

なお、幾何ピッチをプロペラ直径で割ったものを**ピッチ比**（Pitch Ratio）という。

$$ピッチ比 = p'／D \quad (1\text{-}9)$$

注：ピッチという用語はブレード角とよく似た意味に使われる。両者は実際には全く別のものであるが、密接な関係がある。ブレード角が小さいときには回転中に進む距離も小さく、**低ピッチ**であるという。反対にブレード角が大きいときには**高ピッチ**であるという。ただし、ピッチ角（Pitch Angle）はブレード角と全く同意語である。

1-6　風車ブレーキと動力ブレーキ

通常の水平飛行時のブレード断面と気流の関係は**図1-7**のとおりである。しかし、通常のブレード角であっても飛行速度が極端に大きくなると前進角ϕがブレード角βを超えるようになり、気流は**図1-11**のようにブレードの背面から当たるようになる。この状態では合成空気反力の進行方向の分力として負の推力（すなわち抗力）と回転方向の分力として負のトルク（プロペラの回転を助長するトルク）を発生する。この状態を**風車ブレーキ状態**（Wind-milling Brake）と呼ぶ。急降下時には機速が極端に大きくなってこのような状態となり、負のトルクによりプロペラは著しく高い危険な回転速度に達すると同時に、著しく高い抗力（負の推力）を発生する。

また、ブレード角βを減らしてさらに負の迎角を増加するようプロペラのブレード角を操作すると、気流は**図1-12**のようにブレード断面の背面を打つようになる。この状態では風車ブレーキの場合と同様、合成空気反力の進行方向の分力は負の推力となるが、回転方向の分力であるトルクは**図1-7**の通常水平飛行の場合と同様、正のトルク（プロペラ回転方向に抵抗するトルク）を発生し、この状態のプロペラブレードを回転させるためには動力を要する。この状態を**動力ブレーキ状態**（Power-on Brake）または**リバース**（Reverse）と呼び、着陸後に飛行機の速度を減少するための有効なブレーキとして利用される。

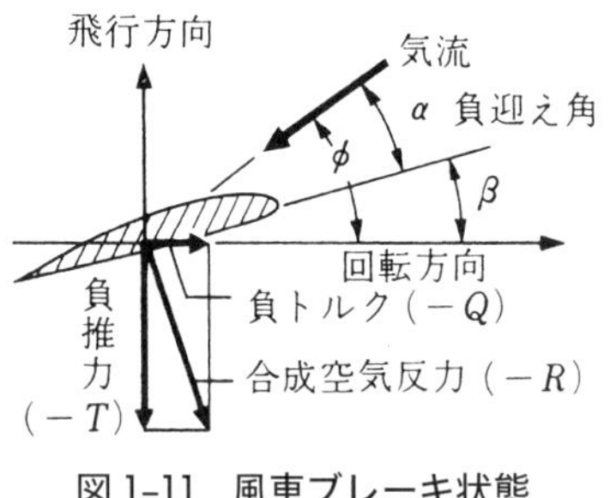

図1-11　風車ブレーキ状態

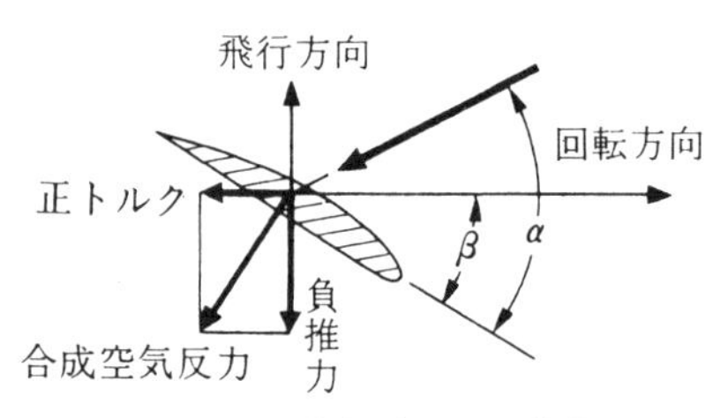

図1-12　動力ブレーキ状態

1-7　プロペラの効率

1-1 節では（1-3）式で加速された空気の方からプロペラの効率を求めた。ここではエンジンの出力の方から考えてみよう。

エンジンが発生する出力の大部分は、プロペラを回転するトルクに変換され、有効仕事に使われる。プロペラの効率は他の効率と同様に、プロペラが行った有効仕事と、プロペラがエンジンから受け取った全入力との比である。

ところで、プロペラ軸上で測定したエンジンの発生馬力を**ブレーキ馬力**（P）と呼ぶ。この馬力は、プロペラがエンジンから受け取る全入力であり、プロペラを回転するトルク（Q）と、プロペラの角速度（Ω）との積で表すことができる。このトルクと角速度の積を、**トルク馬力**（Torque Horsepower）と呼ぶことがある。一方、この入力を得たプロペラが推力 T を発生し、飛行機を速度 V で前進させたとすれば、飛行機の行う**有効仕事率***は（$T \times V$）となる。この有効仕事率を馬力単位で表したものを**推力馬力**（Thrust Horsepower）と呼ぶ。

結局、プロペラの効率は

$$\eta = \frac{(\text{推力馬力})}{(\text{ブレーキ馬力またはトルク馬力})} = \frac{T \times V}{P} = \frac{T \times V}{Q \times \Omega} = \quad \cdots\cdots(1\text{-}10)$$

で与えられる。

効率にはいろいろなものがある。しかし、飛行機の性能を決定する最も重要なものは（1-10）式の**最終正味推進効率**、すなわち「プロペラへ入ったブレーキ馬力と比較したとき、全体として飛行機によって使われた正味の推力を示す効率」である。

いま、この点を特に取り上げたのは、一般にプロペラ軸上の推力は全機体の推力と等しくないからである。実際には、プロペラ軸上の推力は全機体推力よりも大きい。軸推力と正味機体推力との差の主なる原因は、次の 2 点である。

⑴　プロペラがナセルの前面で回転したとき、プロペラとエンジンの先端との間には、ある圧力がある。この全圧力はプロペラに推力を与えるが、同時にエンジン先端に等量の反作用をし、結局プロペラ推力の一部が失われる。

⑵　後流の速度増加によって主翼および尾翼に余分の抗力を生じ、プロペラ推力の損失となる。

＊ある物体に F の力が加えられ、その力の方向に S の距離だけ物体が動いたとすれば〔$F \times S$〕を、その力の成した**仕事**という。従って、力または距離のいずれかが 0 の場合には、仕事は 0 となる。たとえば、プロペラが 1 回転中に実験平均ピッチだけ前進する場合には、推力 T は 0 であるから、効率も 0 となる。また、地上運転時にはプロペラは前進しないので、動く距離 S が 0 であり、効率は 0 である。普通の飛行状態はこれらの中間にある。

1-8　す　べ　り

すべりとは、プロペラの幾何ピッチと有効ピッチの差である。このすべりは、通常、幾何平均ピッチに対する % または直線距離で表される。

すべりは、ときに効率と混同し「効率 80 % であるから、すべり 20 % だ」というように誤って使われる。これは古いプロペラの推進原理が、ねじの力学で説明されたためである。ねじは 1 回転ごとに一定ピッチ進み、摩擦がなければ、ねじを回すのに必要なエネルギは、重量を揚げるのに必要なエネルギに等しい（斜面の理)。これと同じ考えに基づきプロペラは空気の中にねじこみながら前進し、ただし流体であるため、ねじと同じ量だけ進むことができず、ねじのピッチよりも小さい。従って、軸方向に幾何ピッチと同じ距離だけ進んだ場合を効率 100 % とし、（効率＋すべり）＝ 100 % と考えられるが、効率とすべりの関係では正しくない。なぜならば、効率はあくまで成しとげられた仕事の比であるのに対し、すべりは距離の比だからである。

現在、プロペラの最大効率は 90 % に達しているが、これはすべりが 30 % くらいのときに得られる値である。

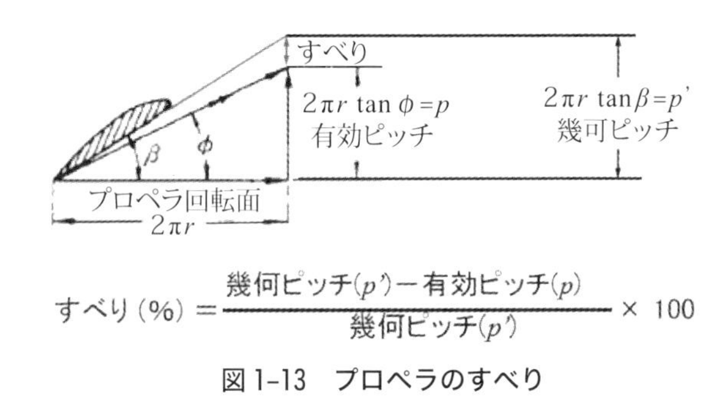

$$\text{すべり (\%)} = \frac{\text{幾何ピッチ}(p') - \text{有効ピッチ}(p)}{\text{幾何ピッチ}(p')} \times 100$$

図 1-13　プロペラのすべり

1-9　プロペラの翼型

プロペラの翼型の指定法は、飛行機の主翼（Wing）の翼型のものと全く同じである。

プロペラの翼型として、古く第一次大戦当時の複葉機時代から有名なものに R. A. F. 6 がある。この翼型は、その後の単葉機にもかなり使用されたが、金属プロペラの出現とともに 1935 年ころから Clark Y に変遷している。Clark Y 翼型は R. A. F. 6 に比べ最小抗力・最大揚力が小さく、高速・巡航飛行状態に適した翼型であるが、離陸時の性能は悪い。

第二次大戦初期からは NACA 16 シリーズの翼型が使用されるようになり、これは今日でも広く使われている。この 16 シリーズは、さらに翼型抗力を小さくし、中・高馬力プロペラ用に設計されたものである。NACA 65 シリーズは、もっぱら中速度用に設計されたもので、高速プロペラのブレードの厚い内側部分の翼型として使用される。**図 1-14** は、いろいろな翼型の 0.7R 断面の例である。

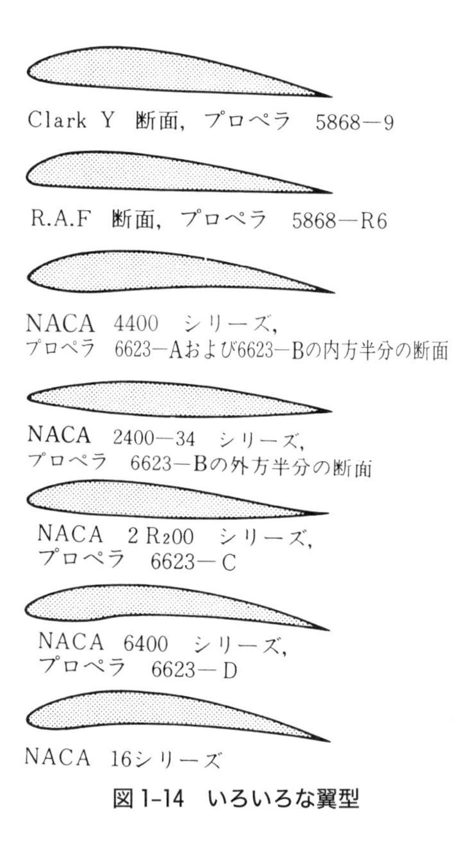

図 1-14　いろいろな翼型

1-10　ブレードに発生する推力

プロペラのブレードの付根は強度上から太く、空力性能の悪い円形にしなければならず、また後部にあるエンジンの影響もあって損失が多い。一方、ブレードの先端には渦と誘導抗力があり、また圧縮性の影響もあって損失が多く、結局ブレードの先端も効率が悪い。従って、プロペラで実際に大きな推力を発生する効率のよい部分は、ブレードの中央から少し外側にかたよった部分（3 / 4 R）付近である。この様子は**図 1-15** に示すとおりである。一般にブレードのいろいろな値の代表として 3 / 4 R または 0.7 R のところの値を使用するのは、この理由からである。

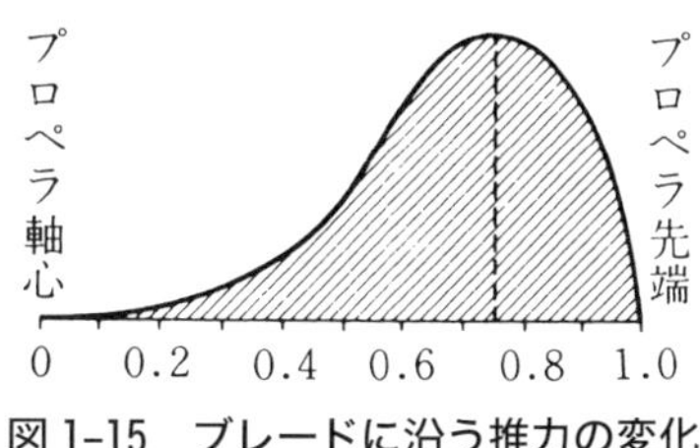

図 1-15　ブレードに沿う推力の変化

1-11　ラセン先端速度

プロペラの先端速度はプロペラの回転数・飛行機の前進速度・プロペラ径の関数である。いま、これらを n、V、D で表せば、回転方向の速度は $2\pi rn = \pi Dn$ であり、進行方向の速度は V であるから、結局、ラセン先端速度 V_t は両ベクトルの和から

$$V_t = \sqrt{V^2 + (\pi Dn)^2} \quad \cdots\cdots (1\text{-}11)$$

で表される。これは進行率 $J = V/nD$（1-15 節参照）を代入すれば

$$V_t = V\sqrt{1 + \left(\frac{\pi}{J}\right)^2} \quad \cdots\cdots (1\text{-}12)$$

速度をマッハ数 M で表せば、次式のようになる。

$$M_t = M\sqrt{1 + \left(\frac{\pi}{J}\right)^2} \quad \cdots\cdots (1\text{-}13)$$

飛行に大きな障害となるフラッタや振動は、このプロペラの先端速度に密接な関係をもち、先端速度が音速に近づくと起こりやすい。また、先端速度は高性能プロペラの効率を決定する主要な因子である。すなわち、高性能プロペラの効率がよいかどうかは、先端速度の音速に対する比から大体見当がつく。たとえば、海面上で先端速度が 900 ft/sec ならば最大効率は約 86 % くらいであるが、先端速度が 1,200 ft/sec に達すると、72 % くらいに下がる（音速：V_{so} = 1,120 ft/sec）。

そこで先端速度を音速以下に維持するために減速歯車が使われる。この減速比はピストン機ではあまり大きくなく、0.4 ～ 0.8：1 くらいであるが、ターボプロップでは 0.09：1 くらいである。

最近の飛行機の前進速度は非常に高いので、ラセン先端速度を音速以下に保つことがますます困難になってきている。前進速度が 500 mph を超えるとプロペラの大部分の効率が悪くなり、いわゆる**超音速プロペラ**となる。

1-12　静止推力（Static Thrust）

低速の飛行機においては、プロペラの推力は、通常、前進速度 0 の場合、すなわち飛行機が地上に静止している場合に最大となる。この状態で得られる推力を**静止推力**と呼び、この値が大きいほど、飛行機の離陸滑走距離が少なく、離陸時に大きな加速度を得ることができる。

静止推力は、以前にはヘリコプタの設計のみに興味深いものと考えられていたが、1930 年ごろから飛行機の高性能化に伴い、普通の飛行機においても一つの設計要素として考える必要が生じた。静止推力の値は機首のとんぼ返り（前方への宙返りで尾輪式にみられる）モーメント（Nose-over Moment）を計算するときと、離陸滑走距離を推定するのに重要である。

1-13　剛率（Solidity）

剛率は、全ブレード面積をプロペラ円板面積で割った比と定義される。

普通、プロペラは飛行機が上昇状態にあるとき最大の馬力を吸収しなければならず、これに耐えるだけの強度と、これを吸収できるようなブレード断面をもっていなければならない。プロペラが馬力を吸収する能力は

⑴　ブレード角または迎え角
⑵　プロペラ径
⑶　プロペラ回転数
⑷　翼型の反り
⑸　弦長
⑹　ブレード数

などに左右され、これらを増せば増加する。剛率を増すということは、⑸および⑹を増すことを意味し、結局プロペラの馬力吸収能力を増す一つの方法である。この剛率（σ）は代表的な任意の半径rのところの弦長bの総和（弦長bとブレード数Bの積）を、その半径の円周で割った比「$\sigma = bB/2\pi r$」によっても表される。

1-14　トラック（Track）

トラックとはプロペラ・ブレードの先端の回転軌跡のことであり、各ブレードの相対位置を示すものである。なお、ある1つのブレードを基準にして他のブレードの先端が同じ円周上を回転するかどうか点検することを**トラッキング**という。このトラッキングがプロペラ製造会社の定める規定値の範囲を超えている場合は、異常な振動の原因となるため、ブレードの曲りや取り付け状態の点検などが必要である。

（以下、余白）

1-15　進　行　率（Advance Ratio）

進行率は**前進率**とも呼び、プロペラの種々の作動状態を定義づける重要な関数である。プロペラの推力・トルク・効率はすべて、進行率の関数として表すことができる。

一般に、飛行機の翼の空気力（揚力）が迎え角の関数として表されることはよく知られている。プロペラも各翼素を考えれば翼と同じような作動状態におかれ、回転する翼といわれるくらいであるから、プロペラに作用する空気力は各翼素の迎え角の関数である。

（1-4）および（1-6）式の$\alpha = \beta - \phi$、$\phi = \tan^{-1}$（$V/2\pi rn$）の関係から

迎え角は　$$\alpha = \beta - \tan^{-1}\frac{V}{2\pi rn} \quad \cdots\cdots(1\text{-}14)$$

で表される。この式中、ブレード角（β）、速度（V）、π、プロペラ半径（r）、プロペラ回転数（n）はプロペラが指定されれば一定であるから、αはV/nの関数となる。この値をもっと都合のよい無次元の形になおしたものが進行率Jであり、英・米国では

$$J = \frac{V}{nD} \quad \cdots\cdots(1\text{-}15)$$

と定義する。ドイツではJをπで除した値を使用し、速度比（λ）という。

$$\lambda = \frac{V}{\pi nD} \quad \cdots\cdots(1\text{-}16)$$

（1-8）式から、$J = p/D$で表され、進行率はプロペラ1回転中の進みをその直径で割ったものであるということができる。また、プロペラの先端周速はπnDであるから、V/nDは前進速度をプロペラ先端の周速で割った比に比例するともいえる。

1-16　プロペラの係数

プロペラの推力（T）とトルク（Q）は、単位時間当たりの回転数（n）、プロペラ直径（D）、および空気密度（ρ）の関数として表すことができる。

推力についてはρ、n、Dの関数であり、その比例常数をC_T（英国ではK_t）とすれば、

$$T = C_T \rho n^2 D^4$$

となる。

また、トルクについては、

$$Q = C_Q \rho n^2 D^5$$

で表され、C_T、C_Qはそれぞれプロペラの**推力係数**、**トルク係数**と呼ばれる。

一般に、プロペラ単体の性能は風洞実験によって求められ、**図1-16**の例のように、プロペラの諸係数を使ってまとめられる。

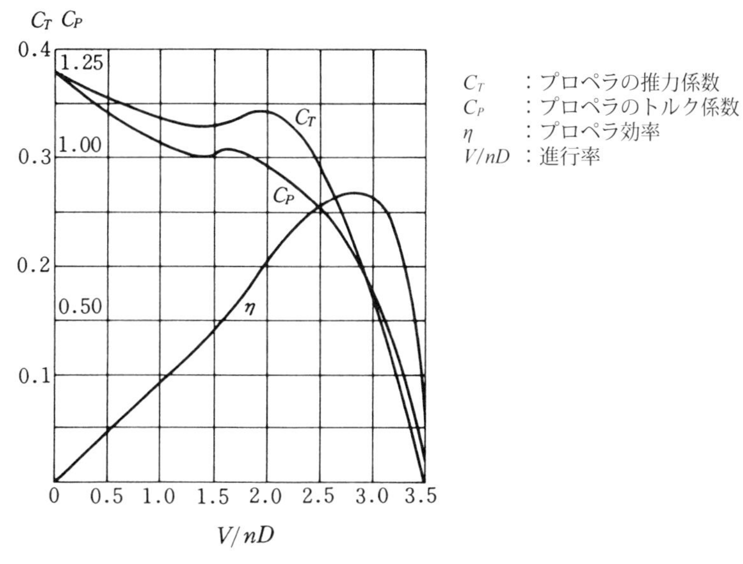

図 1-16　β一定の場合の進行率に対する C_T、C_P、η 曲線

1-17　飛行機とプロペラの相互作用

1-17-1　プロペラの後流による抗力増加

プロペラの風洞実験の多くは、流線型をしたモータ駆動のダイナモメータで行われ、計測結果は軸推力であるため、風洞データから求められる効率は真の推進効率ではなく、プロペラ単体の効率である。しかし、プロペラを実際に飛行機に装着したときには、プロペラの後流中に主翼や尾翼が存在し、プロペラの後流により機体抗力が増加する。しかし、このような増加抗力に関する資料は極めて少なく、一般には、増加抗力は次式で求められる。

$$D=\frac{1}{2}\rho S_s(\varDelta V)^2 \quad \cdots\cdots (1\text{-}49)$$

Ss ＝プロペラ後流の影響を受ける面積、$\varDelta V$ ＝後流の速度増加量

これ以上詳細な資料は、航空機製造会社で大がかりな風洞を用いたり、飛行試験を行って決定するのが普通である。

1-17-2　トルク反作用と安定板効果

作動中のプロペラは、飛行機に対していろいろな影響を与える。そのうち特に重要なのは、単列プロペラの**トルク反作用**と**安定板効果**（Fin Effect）である。

プロペラのトルクは、飛行機をプロペラの回転方向と逆方向に回転しようとする。このことは、大

出力のエンジンと比較的軽量の飛行機を組み合わせた場合を考えれば明らかである。また、離陸滑走時において、出力を上げた時にも顕著となるため、操縦士はラダーにより直進性を維持している。水平飛行中においては、トルクの反作用を打消すため上がろうとする側の翼端にねじり下げをつけて迎え角を減らしたり、補助翼のトリム・タブで調整したりしている。

安定板効果は、プロペラの後流が回転して安定板や方向舵を打つために生じる効果である（**図1-17**）。プロペラが操縦室から見て時計方向に回転する場合には、後流も同じ方向に回転し、安定板の左側を打ち、機体は左手に偏揺れする傾向を生じる。この場合、トリム・タブでの調整や、垂直安定板の取り付けで補正するようにしているものもある。

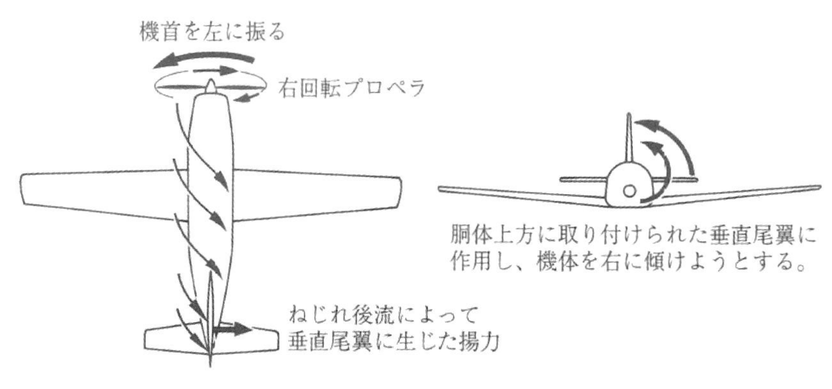

図1-17　安定板効果

1-17-3　P-ファクタ（Factor）

飛行機が機首上げ状態で飛行するとプロペラで発生する推力は飛行コースに対してやや上向きとなるため推力成分は上方へ傾く。操縦室から見て右回り（時計方向）のプロペラの場合は、プロペラ軸に対し、左下側から上がってくるプロペラより右上側から下がってゆくプロペラの方が推力は大きくなるため、機首を左へ向かせようとするいわゆるヨーイングが発生する。この要因をP-ファクタという。

双発機でプロペラの回転方向が左右とも操縦室から見て右回り（時計方向）の場合、仮に、左のエンジンが停止したケースでは、操縦士は右のエンジンの出力を増加させるとともに、高度を維持するためノーズ・アップとし、また、左へのヨーイングを防ぐためコントロール・ホイールを右へおよび右のラダー・ペダルを踏むことになる。

この状態（ノーズ・アップ+エンジン出力大）ではP-ファクタも加わり左へのヨーイングが大きいため、操縦士が機体姿勢を維持する労力は大きなものとなる。

一方、右のエンジンが停止した場合、P-ファクタは機首を左方向へ向かせるような働きがあるため、操縦士が機体姿勢を維持するには有利な要因となる。

従って、この場合は左のエンジンがクリティカル（Critical）・エンジンとなる。

臨界発動機を決定する場合、片肺飛行でのプロペラ後流やジャイロ効果など様々な要素が関係するが、P- ファクタもその要素のひとつに挙げられる。

（以下、余白）

第2章　プロペラに働く力と振動

概　　要

飛行中のプロペラは推進力により前進方向に曲げ応力が発生し、ブレード付根部に応力が集中する。

また、回転することにより遠心力やねじり応力も発生するため、プロペラ付根部は強度を増している。

飛行機の振動はエンジンや空気流の乱れなど、さまざまな要因で発生するが、プロペラに起因する振動としては、Static Balance（静つり合い）において質量分布が不均一の場合や曲げ応力およびねじれ応力により生じるプロペラの変形（Out of Track、ブレード角の不均一）などによるDynamic Balance（動つり合い）の不つり合いなどがある。

また、ブレードの前縁に付着する氷結（Icing）などでも振動が発生する。プロペラは飛行中、さまざまな繰り返し荷重を受けることで疲れを生じるため、表面処理が施される。

2-1　定常応力

飛行中のプロペラには、外力として空力荷重と遠心力が作用し、その結果、ブレードの内部に次のような応力が働く。

2-1-1　空力荷重によって生じる曲げ応力

空力荷重のうちの大きな成分は推力である。

プロペラのブレードは、ハブを支点とする片持ばりとみなすことができるから、空力荷重は**図2-1**に示すように、ブレードを飛行機の前進方向に曲げようとする曲げモーメントを起こす。この曲げモーメントによってブレード断面に生じる応力が、曲げ応力である。

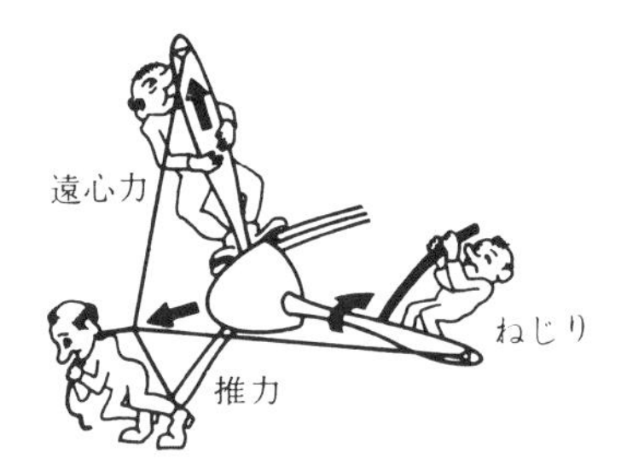

図 2-1　飛行中にプロペラに働く力

2-1-2　回転によって生じる引張応力

プロペラの回転によってブレードには遠心力が働き、ブレードをハブから外方に投げ出そうとし、ブレード内に引張応力を起こす。この遠心力の大きさは、中程度のプロペラにおいてブレード１枚当たり 50 t くらいで、極めて大きい。

2-1-3　ねじり応力

ねじり応力は、次の a 項および b 項の二つのねじりモーメントによって生じ、普通のプロペラ作動状態では、a 項のモーメントの方が大きいので、ブレードを低ピッチ方向に回そうとする。小型の可変ピッチ・プロペラのなかには、この力をそのまま利用してピッチ変更をしているものがある。ねじり応力の大きさは回転数の２乗に比例する。

a．遠心ねじりモーメント

（Centrifugal Twisting Moment）

いま、**図 2-2** に示す翼素のなかの微小体積素 dV を考えよう。体積素に働く遠心力 dF は、プロペラの回転軸上の１点 x' と dV とを通る線の方向を指す。これを、Z-Z 軸に平行な成分 dF_Z と、Y'-Y' 軸に平行な成分 dF_Y とに分解すれば、dF_Z はブレード内に引張応力を起こし、dF_Y は翼素を Z-Z 軸のまわりに回転しようとする力である。Y'-Y' 軸より前方の翼素と後方の翼素とでは**図 2-2** の上方の図に示すように、dF_Y 成分の向きが逆になるので、

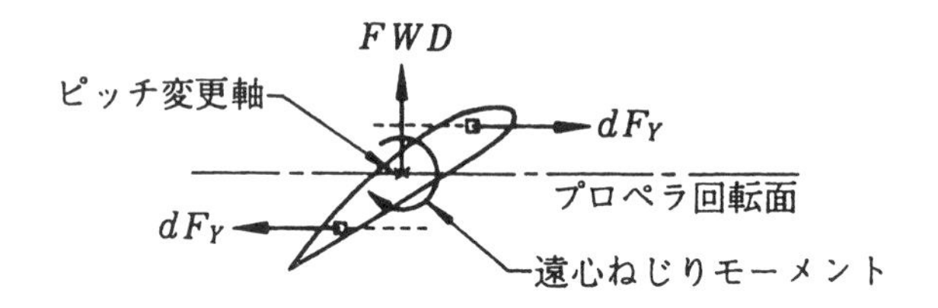

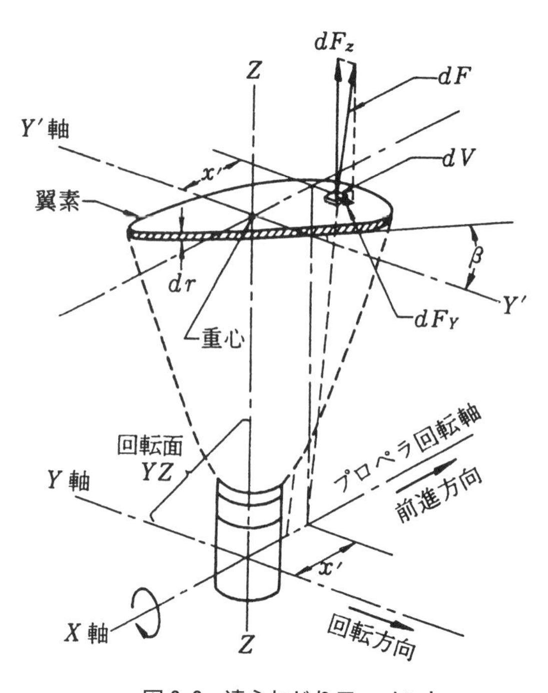

図 2-2　遠心ねじりモーメント

結局、dF_Yはモーメントとなり、ピッチ変更軸のまわりにブレードを低ピッチ方向に回そうとする。このモーメントは遠心力によって生じるので、遠心ねじりモーメントと呼ばれ、中程度のプロペラで7,500 in-lb くらいの大きさである。

b．空力ねじりモーメント

（Aerodynamic Twisting Moment）

飛行中のブレードに働く空気の合成力は圧力中心に働き、この圧力中心は普通の飛行状態では**図 2-3** (a)に示すように、ピッチ変更軸に対し前縁側にある。従って、a．項とは逆にブレードを高ピッチ方向に回そうとする。しかし、急降下時などの風車状態では**図 2-3** (b)のようにブレードを低ピッチ方向に回そうとする。このモーメントは空気力によって生じるので、空力ねじりモーメントと呼ばれる。

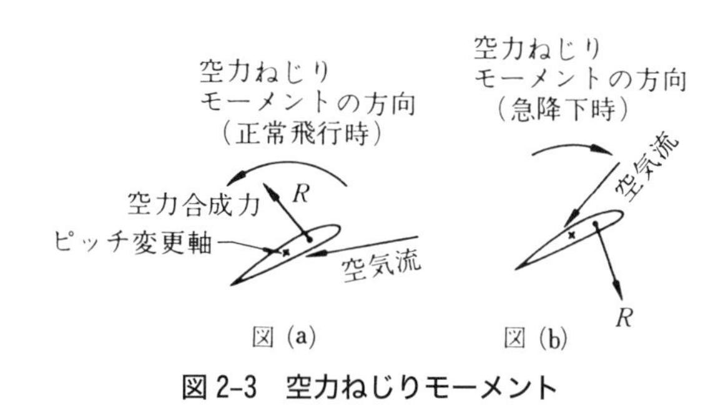

図 2-3　空力ねじりモーメント

2-1-4　旋回飛行時のジャイロ作用によって生じるねじりと曲げモーメントの応力

プロペラはジャイロスコープの一種であるから、飛行機の上昇・降下・旋回などによって回転軸の方向が変わると、これに働くジャイロモーメントによって、回転軸に直角な軸のまわりに回転する傾向が生じる。

ジャイロモーメントの向きは、ベクトルを用いて表すのが簡単である。一般に、ある剛体が一つの軸のまわりに一定の角速度で回っている場合には、その回転はωを長さとし、この回転を行った場合、右ねじの進む方向へ向いたベクトルωで表される。従って、プロペラの回転と飛行機の方向回転の角速度を、それぞれωおよびΩとすれば、これらのベクトルは**図 2-4** のように表すことができる。このとき生じるジャイロモーメントは、ωベクトルをΩベクトルに重ねる方向に働く。

例えば、操縦室から見て右回り（時計方向）のプロペラについて説明すると、水平飛行状態から機首上げ操作を行った場合、プロペラの下側を前方へ押す力が加わり、この力は 90 度遅れてプロペラの左側で作用する。そのため、飛行機は右方向へ向くような運動となる。機首下げはこの逆の運動となり、また、左右へ方向を変える場合についても同様である。

まとめると、操縦室から見て右回り（時計方向）のプロペラのジャイロ効果は、「機首上げは右方向」へ、「右方向へ操作すると機首下げ」へ、「機首下げは左方向」へ、「左方向へ操作すると機首上げ」

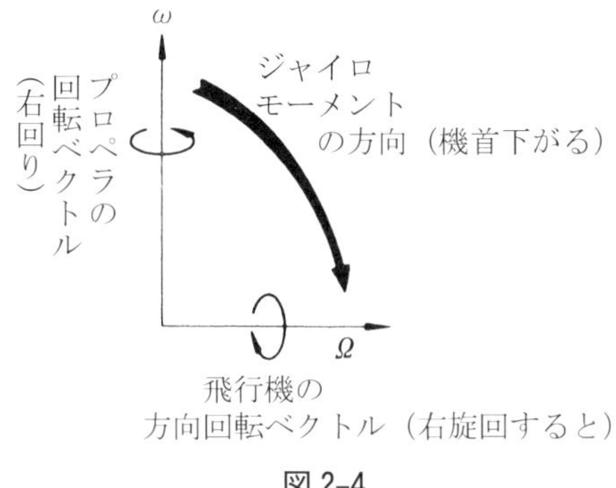

図 2-4

へとそれぞれ 90 度遅れた方向へ機首を向かせるように作用する。

ジャイロモーメントを受けたブレードには、ブレードを曲げようとする力が働き、ブレードを設計する場合には、このモーメントによって生じる応力も検討する必要がある。

2-2　プロペラの振動

プロペラには前述の定常応力のほかに振動応力が働く。プロペラのブレードに振動を誘起する主なる振動源としては、次の３つをあげることができる。

⑴　エンジン

⑵　プロペラ自体

⑶　プロペラのまわりの空気流の乱れ

ピストン・エンジンの振動はシリンダ燃焼室内の不均一な爆発や回転体の不つりあいなどに起因する強制振動で、プロペラのブレードに共振を誘起する。プロペラ自体の最大の振動源はその不つりあいにある。また、プロペラのブレードは、空気の層を切り開いて進むため、後流中に高速渦の乱れを作り、これが後流中の機体部に振動を誘起することにもなる。

プロペラ自体の振動の原因としては、次のような例がある。

⒜　各ブレードの重量が不均一の場合（ブレードまたはハブに着氷した場合、ブレードの損傷を修理した場合など）

⒝　各ブレード間のトラックが正しくない場合

⒞　各ブレードの形状やブレード角に差がある場合

⒟　プロペラ軸への取り付けに不具合がある場合

⒠　地上運転時､空気流（風向)がプロペラの側方または後方から来るときや乱気流に遭遇したときなどがある。これらはプロペラの不つりあいという観点から、①静不つりあい、②動不つりあい、③空力不つりあい、の３つに分類することができる。

静不つりあいは、プロペラの回転面内の質量分布が一様でない場合に起こり､⒜がこれに含まれる。

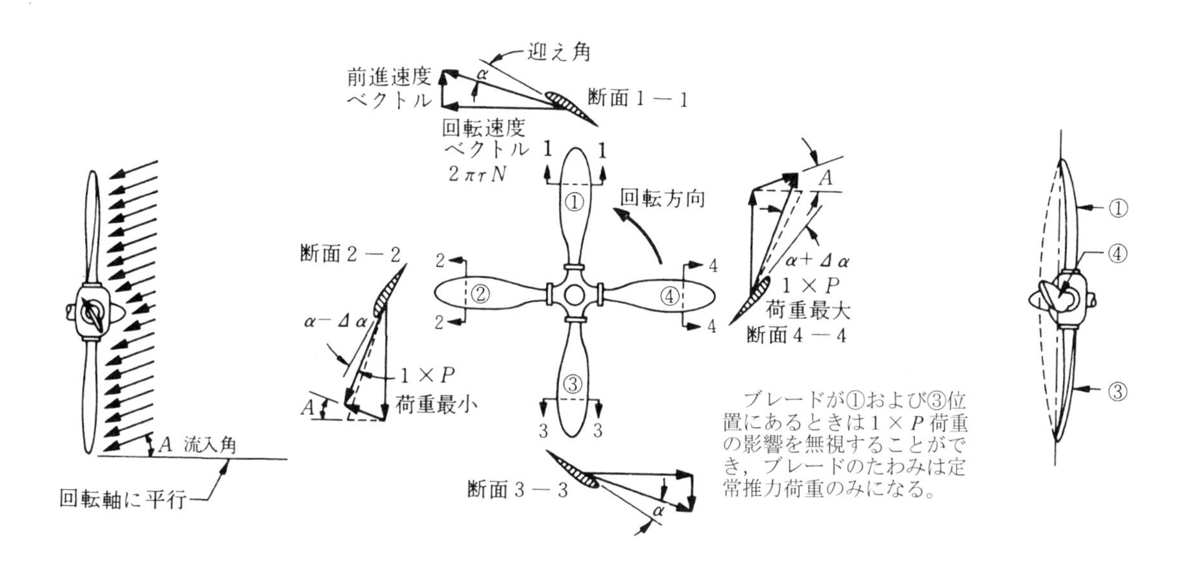

図 2-5　1 × P 荷重によるブレードの変位

これが原因で発生する振動は回転数が増すにつれて激しくなる性質がある。**動不つりあい**は、各ブレードの回転面と直角な方向の質量分布が異なるために生じる不つりあいで、(b)、(c)、(d)などの場合である。**空力不つりあい**とは、各ブレードに働く空気力に差があるために生じる不つりあいで、(e)の場合がこれに含まれる。

次に、空力的にプロペラのブレードに誘起される振動について述べよう。いま、**図 2-5** に示すように、空気が推力線に対して角度 A でプロペラ円板に流入する場合を考える。横風が吹いている場合、飛行機が縦揺れした場合、隣のプロペラの影響で偏流される場合などはこのケースである。

図 2-5 に示す中央の図は各 1 / 4 回転位置におけるブレード断面の合成速度ベクトル図である。点線は空気がプロペラ円板に直角に流入する場合のベクトル図を示す。プロペラのブレードが①または③の位置にあるときは、迎え角に大した変化は生じない。

しかしブレードが②位置にあるときは、その合成速度および迎え角が①位置にあるときよりも小さくなるため、ブレードの揚力は②で最小となる。プロペラが②から③に回転するにつれて合成速度および迎え角は増加し、ブレードが③に達したとき、揚力は平均値になる。ブレードがさらに④の方へ回転するにつれて、合成速度および迎え角は平均値からだんだん増加し、ブレードが④に達したとき、断面の揚力は最大になる。さらにブレードが④から①に回転するにつれて、ブレードの揚力は減少し、①においては平均値にもどる。この、ブレード断面の揚力の変化（ΔL）を示したのが**図 2-6** である。

この揚力の変化は、すなわち振動となって現れ、プロペラのブレードに曲げ振動力を与える。この振動はプロペラが 1 回転する間に 1 回起こるから、振動数はプロペラの回転数に等しい。このように、プロペラの回転数を基準にとった場合に、プロペラの rpm に等しい振動数をもつ振動を **1 次振**

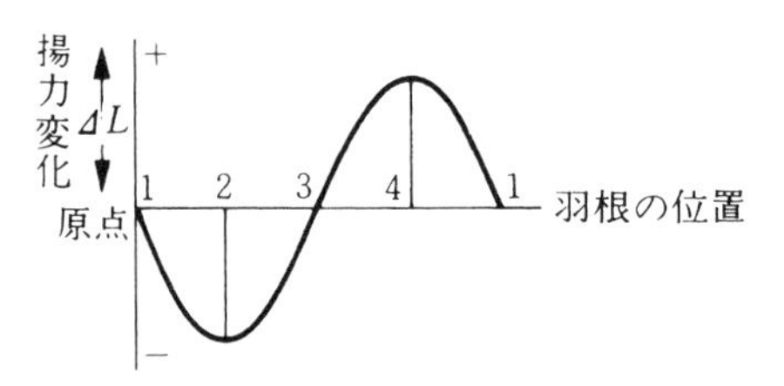

図 2-6　回転中のブレードの揚力変化

動（First Order Vibration）と言う。航空機に現れる振動は図 2-6 のような単振動であることはまれで、普通、多数の単振動が同時に働き、複雑な形をしている。しかし、これらの成分は別々の発振源をもち、おのおの別個の単振動として取り扱うことができる。

そこで、普通は基準振動数としてクランク軸またはプロペラ軸の回転数をとり、この振動を１次振動（$1 \times P$）、基準振動数の１/２の振動数をもつ振動を１/２次振動（$1/2 \times P$）、基準振動数の２倍の振動数をもつ振動を２次振動（$2 \times P$）というように呼ぶ。たとえば、前述のプロペラ円板へ流入する空気流が偏向した場合の振動は、（$1 \times P$）振動の主なる源であり、またプロペラが３枚のブレードをもっていれば、ブレードの回転によって生じる乱れは（$3 \times P$）振動の源である。

2-3　プロペラの疲れ現象

2-3-1　プロペラの疲れの原因と特徴

プロペラは使用中に定常荷重、衝撃荷重のほかに振動などによる繰り返し荷重を受け、この応力繰り返し作用を受けると比較的低い応力の下でも疲れを生じて構造破壊を起こす。疲れ破壊が起こる原因には、次の２つの場合が考えられる。

a．材料の応力限度に比較してプロペラに大きな繰り返し応力が作用した場合

これには次のような場合が考えられる。

⑴　動不つりあいが発生している状態で長時間運転した場合

⑵　空気がプロペラ円板へ直角に流入しない場合――プロペラは周期的な高い空力荷重を受ける。

⑶　エンジンが超過回転した場合

⑷　プロペラ円板を通る空気流の分布が不均等である場合（これは特に推進プロペラで著しい。）

⑸　プロペラが構造上の共振振動数付近で作動した場合

b．腐食、ツールマーク、鋭い切欠または穿孔部、酸化等がブレードの疲れ強さを減少させた場合

2-3-2 疲れ限度

疲れ限度は、表面の仕上げ状態・材料の形状（切欠）・寸法・腐食などの影響を受け、高周波焼入れや窒化・表面圧延・ショットピーニングなどによって向上させることができる。

実験によれば、疲れ限度は表面仕上げが滑らかなほど高いことがわかっている。従って、製作時にプロペラの表面を滑らかに仕上げることはもちろんのこと、整備においてもポンチマークや打痕をブレード表面につけないように注意しなければならない。

また、材料の表面を冷間加工し、表面に有効圧縮応力を与えた層を作ることは、疲れ強さの向上に極めて有効である。一般に行われる冷間加工法は、圧延、ショットピーニングおよび局部的な手によるピーニングである。圧延は円形断面部の冷間加工法としてよく採用されているが、ブレードの外方部を冷間加工するには適さない。そこでブレードの外方の表面処理はショットピーニングによって行われる。表面の冷間圧延は、特にアルミ合金のブレードのシャンクの疲れ強さを増すのに有効である。

（以下、余白）

第3章　プロペラの種類

概　　要

プロペラの材料は木製、金属製および複合材製がある。木製プロペラは、くるみ材やマホガニー材などの堅木の板を複数枚重ね合わせて接着している。また、表面を被膜で覆い水分の吸収を防いでいるものもある。現在は一部の小型飛行機や動力滑空機などで使用されている。

金属製プロペラはアルミ合金製で小型飛行機から大型飛行機まで幅広く使用されている。

複合材製プロペラはアラミド繊維（ケブラー）などの複合材とアルミ合金などの金属を組み合わせて製作され、高強度、耐腐食性、軽量化などの利点があり、近年は多くの飛行機に用いられてきている。

プロペラのピッチは推進力を発生させるため重要であり、固定ピッチ、調整ピッチおよび可変ピッチの種類がある。

多発機は飛行中、エンジンが停止した場合、風車状態になり抗力が増すことで操縦性が著しく困難になることを防ぐため、抗力を最小にするピッチ状態いわゆるフェザリング・ピッチにするための機構を有し、エンジン停止状態ではプロペラの回転を停止させるようにしている。

また、一般にフリー・タービンのエンジンを装備している飛行機は、地上係留中、不用意に回転することを防ぐため、フェザーにしている。

プロペラ飛行機には着陸滑走距離を短くさせるため、リバース・ピッチ機構を有しているものもある。

3-1　材料による種類

プロペラは、その構成材料によって、次の３種類に大別することができる。

3-1-1　木製プロペラ

木製プロペラは、良質のくるみ、マホガニーなどの堅木の板を数枚カゼイン糊などの接着材で重ね合わせて作られてきたが、最近では図 3-1 のように５枚以上の同じ厚さのかば材を接着し成形してい

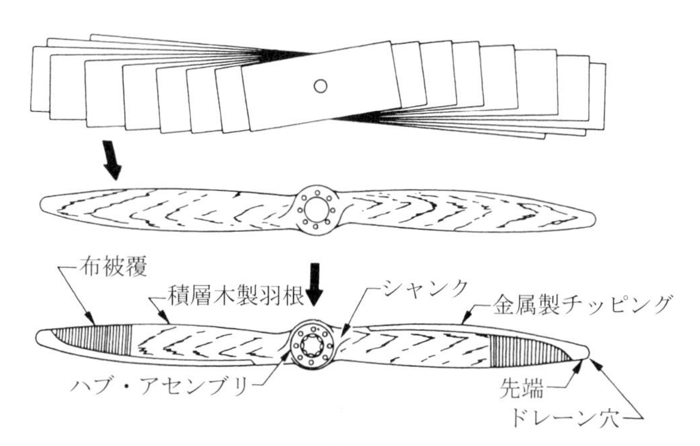

図 3-1　代表的な木製プロペラ

る。プロペラの先端の 12〜15in の部分には木綿布を接着して補強し、ドープを塗布し太陽光線などから保護する。ブレードの表面には透明ワニスを塗って仕上げる。

また、前縁には小石などによる損傷を防ぐため、モネル合金、真ちゅう、またはステンレス鋼製のチッピング（Tipping）が取り付けられているものもある。

3-1-2　金属プロペラ

むくプロペラと中空プロペラに大別でき、現在、ほとんどの飛行機には金属プロペラが使われている。むくプロペラは大部分がアルミ合金製（25 ST、75 ST 鍛造）で、低出力用の小径プロペラから大出力プロペラに至るまで広く使われている。**中空プロペラ**は主に高力鋼（Cr-Mo 鋼、Ni-Cr-Mo 鋼）で製造され　価格・整備・修理の点でむくプロペラに劣るが、外傷に強く、大出力用のプロペラに適している。

3-1-3　複合材プロペラ

最近ではアラミド繊維（ケブラ）などの複合材料を用いたプロペラも実用化されているが、特に強度が必要なシャンク部にはアルミ合金材が使われている（図 3-2）。

（以下、余白）

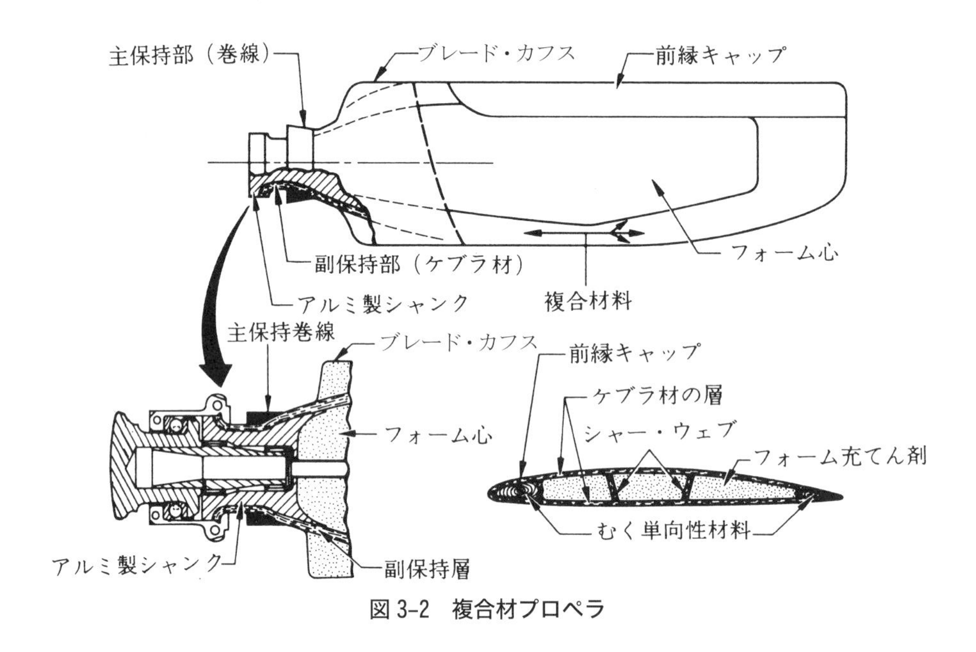

図 3-2　複合材プロペラ

3-2　ピッチによる種類

飛行機に使用されるプロペラをピッチ変更機構により分類すると、次のようになる。

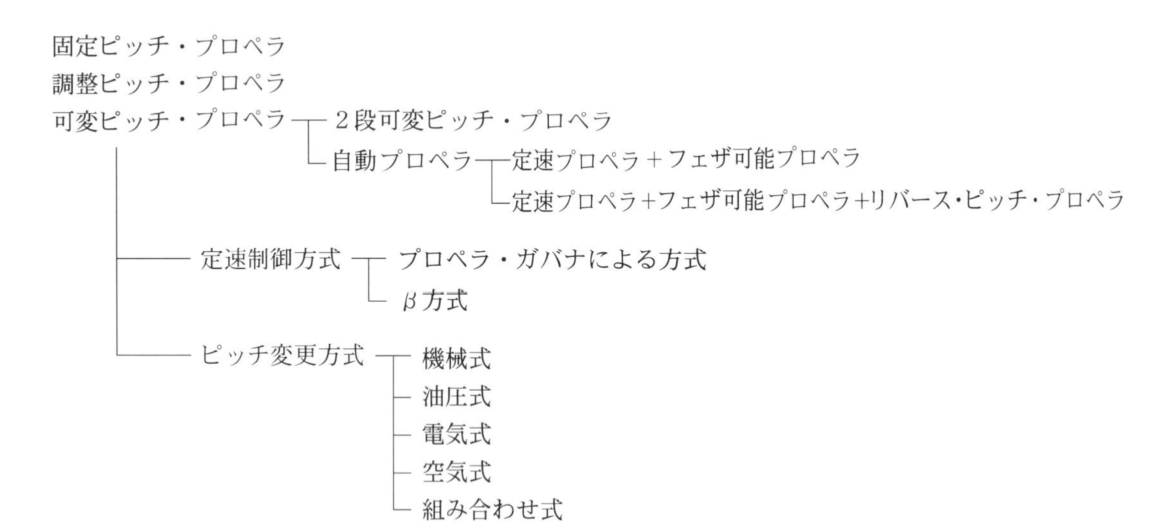

3-2-1　固定ピッチ・プロペラ（Fixed Pitch Propeller）

このプロペラは、ピッチ角すなわちブレード角を変更できないタイプで、常用運用の飛行状態に最適となるようにブレード角がセットされている。従って、他の飛行状態に適するピッチにすることはできない。一般に、この型のプロペラは木製または金属製の一体構造である。軽量で製作コストが安いという特徴があり、馬力・速度・航続距離・飛行高度の小さな機種に使用されている。

3-2-2　調整ピッチ・プロペラ（Ground Adjustable Propeller）

プロペラが回転しているときにはピッチ角を変更できず、固定ピッチで作動するが、プロペラが地上で静止しているときには任意でピッチ角を変えることができる。このピッチ変更はブレードを保持している締付け機構を弛めて行う。ブレードは飛行中に飛行状態に適合するように調整することはできないが、特定の飛行状態に合うように、あらかじめセットできるという利点をもっている。また、1枚のブレードが破損した場合、全ブレードを取り換える必要がない。固定ピッチ・プロペラと同様に、馬力・速度・航続距離・飛行速度の小さな飛行機に使用されるが、現在では一般的ではない。

3-2-3　可変ピッチ・プロペラ（Variable Pitch Propeller）

制御ピッチ・プロペラ（Controllable Pitch Propeller）とも呼ばれ、プロペラ回転中にピッチ角を変更できるプロペラである。ピッチ角を2つの角度のみに制御できるプロペラと、最大・最小ピッチ間の任意の角度に制御できるものとがある。ピッチの制御は手動で行うか、または自動的に行われる。

2つのピッチ角に制御できるプロペラ（Two Position Controllable Propeller）すなわち、**2段可変ピッチ・プロペラ**（Two Pitch Propeller）は、離陸に最適なピッチ角と、巡航に適するピッチ角に切り替えることができる。この切り替えは操縦者がレバーを操作して行う。馬力・飛行高度・速度範囲の小さな飛行機には有用なプロペラであるが、現在では一般的ではない。

最大ピッチから最少ピッチの間で任意のプロペラ回転数となるように制御することができるプロペラは**自動プロペラ**（Automatic Propeller）と呼ばれ、ガバナを用いてピッチが自動的に制御される。プロペラによっては自動から手動に切り替えることができるものもある。

かつて、可変ピッチ・プロペラは機構の複雑さと重量が重いため、あまり有用なものではないと考えられた時代があった。しかし、航空機が大型化・大馬力・高速化するにつれて必須のものとなり、こうして、離陸、上昇、水平飛行、高度変化など、どのような飛行状態でも、最良効率で作動できるような定速プロペラが開発された。現在では大型機、小型機ともに定速プロペラが多用されている。

3-3　自動プロペラの種類

3-3-1　定速プロペラ（Constant-speed Propeller）

a. 基本原理

自動プロペラでは、操縦士が注意していなくても制御系統が働いて、あらかじめ設定したプロペラの回転数が維持されるようにピッチが調整される。たとえば、エンジンの回転速度が急激に増加した場合、制御系統が自動的にブレード角を増加させて設定したプロペラ回転数を維持するようにする。この理由から回転速度を一定に制御する自動プロペラを「定速プロペラ」と呼ぶ。

定速を保つ方法には、①エンジン出力に見合うようにプロペラ負荷を変えるプロペラ・ガバナ方式と、②変化した負荷に見合うようにエンジン出力を変えるベータ（β）方式の２通りがある。

⑴　プロペラ・ガバナ方式

いま、プロペラが**図 3-3**⒜に示す状態で作動しているものとする。この状態から飛行機が急に機首を上げると、**図 3-3**⒝に示すように、V が減るので迎え角が α_1 から α_2 に増し、rpm が低下する。すると、プロペラ・ガバナがこの rpm 低下を感知して、プロペラのピッチ角を減らし、もとの α_1 の値になるようにする。このとき、エンジン出力は変わらない。このようにして、プロペラは操縦者が、あらかじめ選定した rpm にもどる。ハミルトン式、ダウティディ・ロートル式など大部分の定速プロペラの自動制御は、この方式によっている。

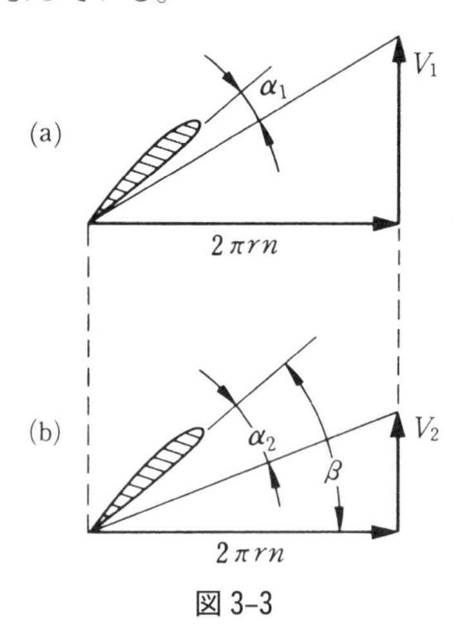

図 3-3

⑵　ベータ（β）方式

前記と同じように、飛行中に、たとえば機速が下がると α が増し、rpm が低下する。すると、エンジンの燃料管制装置がこの rpm 低下を感知し、燃料流量をふやし、エンジン出力を上げて、もとの rpm にもどすように働く。

プロペラによっては、地上滑走中はベータ方式により、飛行中はプロペラ・ガバナ方式によって自動制御されるものもある（5-4-4 項参照）。

b.　ピッチ変更の原動力

定速プロペラをピッチ変更の原動力によって分類すると、油圧式制御プロペラ（Hydraulic Controllable Propeller）、電気式制御プロペラ（Electric Controllable Propeller）、空気式制御プロペラ（Pneumatic Controllable Propeller）になるが、現在では電気式も空気式も過去のものとなり製造されていないので、ここでは**油圧式制御プロペラ**について記述する。

油圧式制御プロペラはピッチ変更機構に油圧が作用してピッチを変更する。作動油としては、エンジンの滑油が利用される。小型のプロペラでは、エンジンの滑油の圧力をそのまま利用してピッチを変更するが、大型プロペラになると、ブレードを回転するためのねじりモーメントが大きくなるので、エンジン滑油をブースタ・ポンプ（ガバナ）で昇圧して用いる。

油圧式制御プロペラは主として米国のハミルトン・スタンダード社において開発されたもので、今日わが国で使われているプロペラ、たとえばハミルトン、ダウティロートル、ハーツェルなどの定速プロペラは、ほとんどがこの型式に属する。

3-3-2　フェザリング・プロペラ（Feathering Propeller）

多発機でいずれかのエンジンが故障し、残りのエンジンで飛行する場合には、不作動エンジンのプロペラが風車ブレーキ状態となり、高い風車抗力を生じる。そのため、たとえば双発機の場合、**図 3-4** に示すように推力が非対称となり、飛行が困難になる。このような場合に、不作動エンジンのブレードを飛行機の進行方向と平行（プロペラ・ピッチ約 90 度）にしてプロペラ抗力が最少になるようにすることを**フェザリング**という。逆に、フェザ位置から正常飛行位置へピッチをもどすことを**アン・フェザリング**（Un-feathering）という。

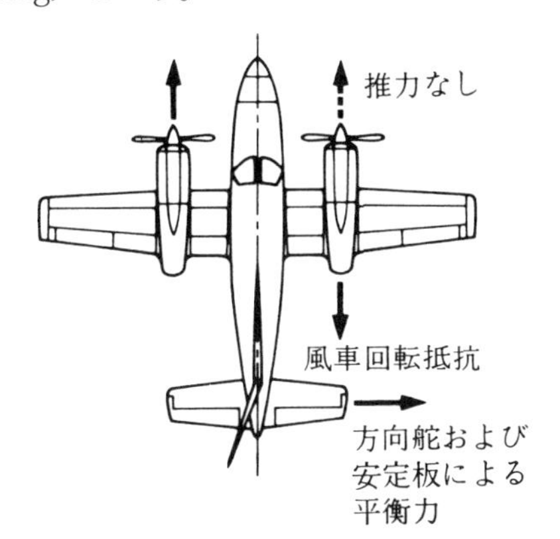

図 3-4　非対称推力状態

ブレードをフェザにすれば抗力は数分の 1 に減り、片発飛行が容易になるばかりでなく、**図 3-5** に示すように上昇率や上昇限度が向上し、安全性を増す。また、フェザはプロペラの回転を止めるた

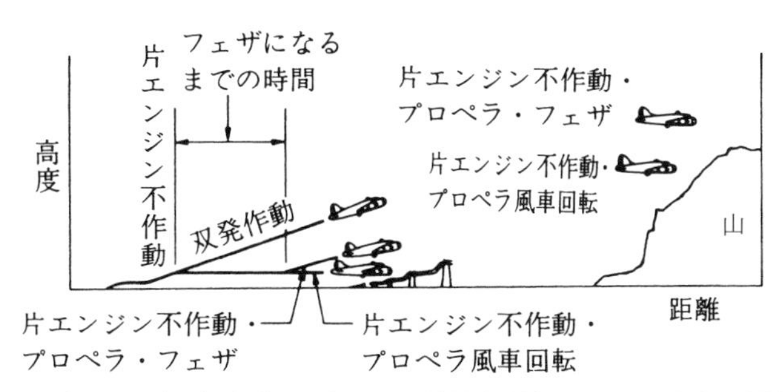

図 3-5　プロペラをフェザしたとき、プロペラが風車回転しているときの飛行性能の比較

めの簡便な方法でもある。プロペラが風車回転していると操縦が困難になるばかりでなく、機体の振動が激しくなったり、連動されるポンプ類が油不足で焼き付いたりするので、機種によっては風車回転を止める必要がある。

最近の多発機用の自動プロペラの大部分はフェザすることができ、フェザ可能なプロペラを**フェザリング・プロペラ**という。

ところで、1エンジンが不作動となり、そのうえフェザ系統の故障でフェザができないとプロペラは風車回転し、遠心ねじりモーメントによってブレードは徐々に低ピッチに移行し、低ピッチになるほど抗力が増す。特に高出力のターボプロップ機では、**図 3-6** に示すように風車抗力が大きいので、推力の非対称が大きく、フェザ系統の故障が直接、飛行機の墜落と結びつくことになる。そこで、適当なピッチ位置にストップを設け、ブレードが徐々に低ピッチに移行しても、このストップ位置以下のピッチにはならない、「つまり、抗力をある値以下におさえる」ように設計されたプロペラがある。このようなストップを**ピッチ・ストップ**という。またブレードが、あるピッチ位置になったり、負トルクになると自動的にピッチ増加系統が働いてピッチを増加させ、抗力を一定値以下に制限する装置を採用するものもあり、この種の装置を**抗力制限装置**（Drag Limiting Device）という。このほか、風車抗力を減らすためには、フリー･タービンや　自動カップリング離脱装置なども採用されている。

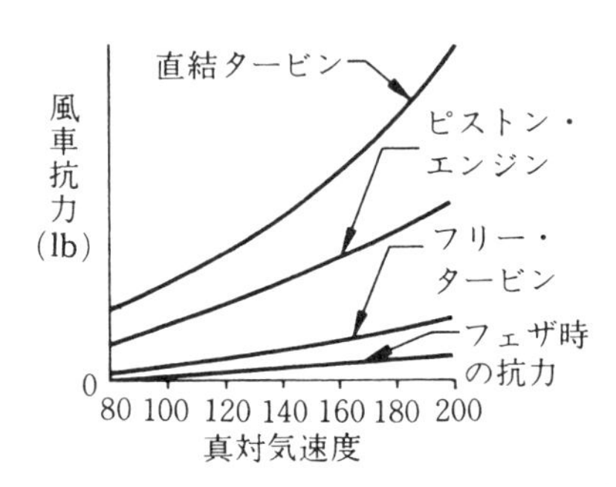

図 3-6　各種エンジンのプロペラ風車抗力

3-3-3　リバース・ピッチ・プロペラ（Reverse Pitch Propeller）

着陸時の低ピッチ角をさらに低ピッチ方向へ回すと、ついにはブレードの弦が気流の流入方向と一致し、プロペラは推力を発生しないブレード角となる。これを超えてさらにブレードを回すと、周りの空気を前方へ加速するようになり、プロペラは逆方向に推力を発生するようになる。このブレード角をリバース・ピッチまたは逆ピッチといい、これはブレード角が－10°くらいのところである。この状態はフェザリングとは全く逆に、最大の抗力を生じる位置であり、従って、プロペラは有効な空気ブレーキとなる。このリバース･ピッチが可能なプロペラを**リバース･ピッチ･プロペラ**という（1-6節「風車ブレーキと動力ブレーキ」参照）。

リバース・ピッチ・プロペラの第１の目的は、着陸時にエンジン出力を利用して高い負推力を得ることである。高速・重量の重い飛行機ほど着陸後の地上滑走距離が長いので、これを短縮するための空気ブレーキとしてリバース・プロペラが使われ、今日の多発ターボプロップ機にも多用されている。

リバース・プロペラを使えば着陸滑走距離を短縮できるだけでなく、車輪ブレーキの摩耗を少なくし、また地上滑走時の操縦性を高めることができ、水上機ではこのためにリバース・プロペラを使っている例もある。地上で機体を後退させるのにリバースが使われることもある。

一方、リバース・プロペラの欠点は、リバース時にエンジンの冷却が不十分になることと、石や埃などを巻き上げることで、プロペラの損傷やエンジンのFODによる損傷を招く恐れがある。

3-4　推力の型によるプロペラの種類

3-4-1　引張りプロペラ（Tractor Propeller）

プロペラが気流に対してエンジンや支持構造物の前面にある場合には、プロペラはプロペラ軸内に引張り応力を起こし、機体を前方に引張ることになる。この種のプロペラを引張りプロペラまたは**牽引プロペラ**と呼び、現在使われている多くの飛行機はこの型のプロペラを装備している。引張りプロペラは比較的乱れの少ない気流中で回転するので、プロペラ内に起こる応力が小さいという利点をもつが、引張りプロペラにより乱された気流は翼の抗力を増加させる。

図3-7　引張りプロペラ例　セスナ172（写真提供：東日本航空専門学校）

3-4-2　推進プロペラ（Pusher Propeller）

図3-8に示すように、プロペラがエンジンの後部、プロペラ軸の下流端に取り付けられたものを推進プロペラと呼んでいる。

この型のプロペラは水上機に採用されることが多い。水上機においては、離着水時に艇体により跳び散る水飛沫から損傷を受ける危険性があり、推進プロペラの多くは翼の上後部に取り付けられる。

図 3-8　推進プロペラ例　ジャイロフルーク SC01B-160（スピード・カナード）（写真提供：宮沢誠氏）

3-4-3　串型プロペラ（Tandem Propeller）

２基のエンジンを用い、引張りプロペラと推進プロペラを前後串型に配列したプロペラである。両プロペラは、その直径くらいの間隔を隔てて装備され、後ろのプロペラは前のプロペラの後流中で回転しないとフラッタを起こすので直径を小さく高速に設計される。しかし、小さ過ぎると、前のエンジンが不作動になった場合、その効率が著しく低下する。

3-5　構造によるプロペラの種類

3-5-1　単列プロペラ（Single Rotation Propeller）

単列プロペラは全ブレードが１列に取り付けられ、同方向に回転するものである。単列プロペラは主として２、３、４、６枚のブレードから成り（特殊なものとして１、５枚ブレードのものも製作される）、現在使用されているプロペラの大部分はこの型式に属する。

3-5-2　複列プロペラ（Dual Rotation Propeller）（図 3-9 参照）

複列プロペラは２列ないしそれ以上の列のブレードで構成され、列ごとに反対方向に回転するプロペラで、２列プロペラは**二重反転プロペラ**（Contra-rotating Propeller）と呼ばれる。この型のプロペラは、ある限られたプロペラ径で、より多くの馬力を吸収する必要から作り出されたもので、通

図 3-9　複列プロペラ（ソ連ツボレフ TU114）

常、前後列のブレード数は等しい。

複列プロペラはその反対方向の回転により、単列プロペラの非対称による欠点がないため、これを装備する飛行機は非常に操縦しやすい。つまり、複列プロペラ機は、機体を一方向に横転しようとするいわゆる反トルクがほとんどなく、また、ジャイロ効果も中和される。その結果、離陸時に片側に揺れる傾向がなく、突然エンジン出力を増減しても横転や偏揺れをすることもない。また、エンジンの作動・不作動にかかわらず補助翼または方向舵のトリムに差を生じないので操縦性がよいわけである。

複列プロペラ機の操縦性がよいもう一つの理由は、前列のブレードが作り出した後流を後列のブレードが真っすぐにし、高速流を主・尾翼上へ送るからである。

複列プロペラの根本的な欠点は、

(1)　エンジン・プロペラ間の出力伝達機構が複雑。

(2)　プロペラ制御とピッチ変更機構が複雑。

(3)　重量が重い。

などである。

3-6　動力装置によるプロペラの種類

3-6-1　ピストン・プロペラ（Piston Propeller）

ピストン・エンジンに装備されるプロペラである。

3-6-2　タービン・プロペラ（Turbine Propeller）

タービン・エンジンに装備されるプロペラであり、この飛行機をターボプロップ機という。タービン・プロペラの出現は 1947 年ころで、主に英国のデ・ハビランド社、米国のハミルトン・スタンダード社において研究され、幾多のターボプロップ機用の大タービン・プロペラが完成された。

原理的にはピストン・プロペラとほとんど変わらないが、タービン・エンジンの大馬力・高速回転・高加速度により幾多の改良が施されている。

タービン・プロペラで特に問題となる点はプロペラの制御と構造上の強度である。制御では特に定速・フェザ・リバース操作にピストン・プロペラに見られぬ強力さ・迅速さを要求される。タービン・エンジンではリバース・ピッチ操作時の負荷増加により回転数が急速に減少し、正しい（回転数／燃料）比が維持しきれず、ついにはタービン部の温度が上昇し、圧縮機失速を起こす危険がある。またタービン・エンジンの高加速度・大馬力は、幅広（弦長が大きい）ブレードの採用とあいまって、ピッチ変更に大きなトルクを要し、遅れなしに適当な定速制御を行うことが難しい。

これらを解決するため、タービン・プロペラのガバナはピストン・プロペラより多くの作動油流量をもち、タービン・エンジンの高加速度・大馬力に対しても十分トルクを発揮し、迅速に作動するように設計されている。現在、タービン・プロペラのピッチ変化率は 30°/sec くらいであり、２秒間くらいでフェザ位置にすることができる。

構造上の特長としては、タービン・エンジンの大馬力を吸収するために

⑴　ブレード数をできるだけ多くするか、またはブレード幅を広くとり全ブレード面積が大きいこと。

⑵　大馬力による強度的見地から複合材のブレードを採用する例が多い。

などである。

3-6-3　超音速プロペラ

石油ショック以降、航空機の省エネ対策の一環として超音速プロペラの研究が盛んになった。ATP（Advanced Turbo Prop：高速または革新ターボプロップ）とかプロップ・ファン、UDF（Un-Ducted Fan：アンダクテッド・ファン）、UHB（U1tra-High Bypass Fan：超高バイパス・ファン）と呼ばれ、

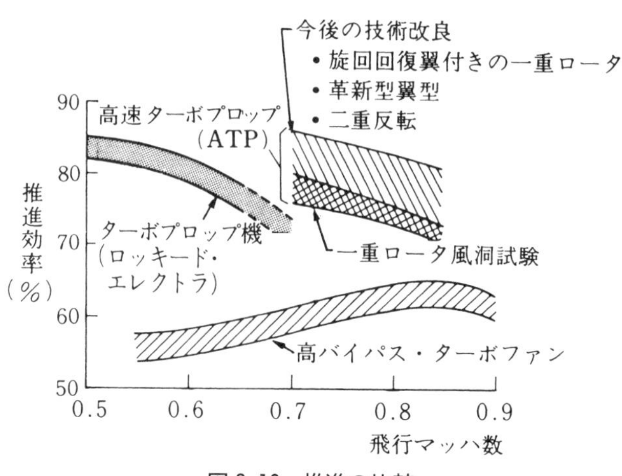

図 3-10　推進の比較

従来のプロペラに対して**図 3-10** に示すように推進効率を向上させ、ターボプロップ機なみの低燃費で、ジェット機なみの巡航速度（マッハ 0.7～0.8）をもつプロペラ機用に一時期開発が進められた。

超音速プロペラの形状は**図 3-11**、**-12** のようなもので、ブレードは 8 ～12 枚構成で、複合材料で極めて薄く製作され、先端での衝撃波の発生を高マッハまで抑えるため大きな後退角をもっている。

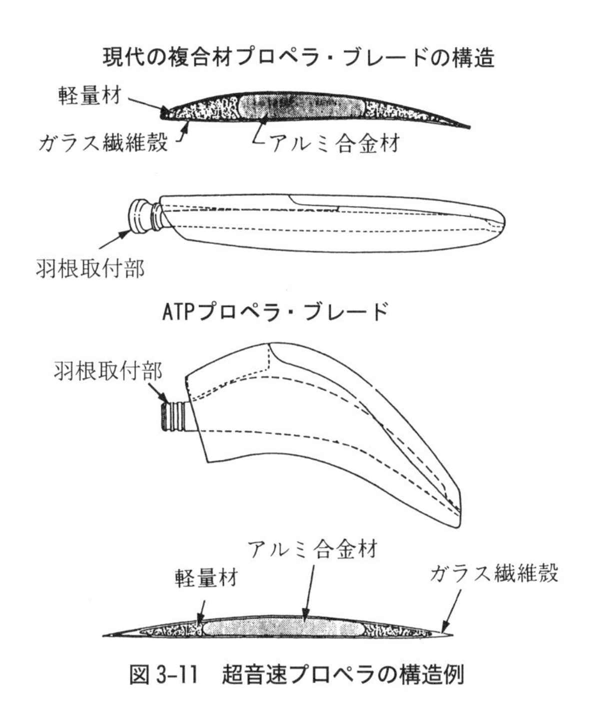

図 3-11　超音速プロペラの構造例

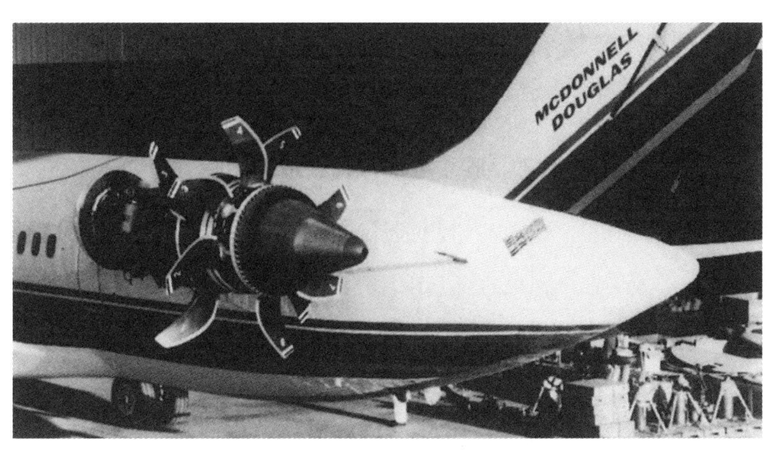

図 3-12

第4章　プロペラ制御装置

概　　要

プロペラのピッチを変更する装置は一般的にプロペラ制御装置（Propeller Control Unit）と呼ばれる。油圧式定速プロペラでは、プロペラ・コントロール・レバーで操作したピッチになるようエンジン油圧をプロペラ・ガバナ（Propeller Governor）でさらに昇圧し、プロペラ軸内のピストンの前面あるいは後面に導き、プロペラ・ピッチの変更を行っている。

また、ピッチの変更を助けるため、カウンター・ウエイトやリターン・スプリングを用いているものもある。

4-1　一　　般

4-1-1　プロペラ・ガバナ（Propeller Governor）

プロペラ・ガバナは、いろいろな飛行状態においてプロペラの回転速度を一定に保つため、プロペラのブレード角を自動的に調整する定速制御装置である。

油圧式のプロペラ・ガバナを大別すると、

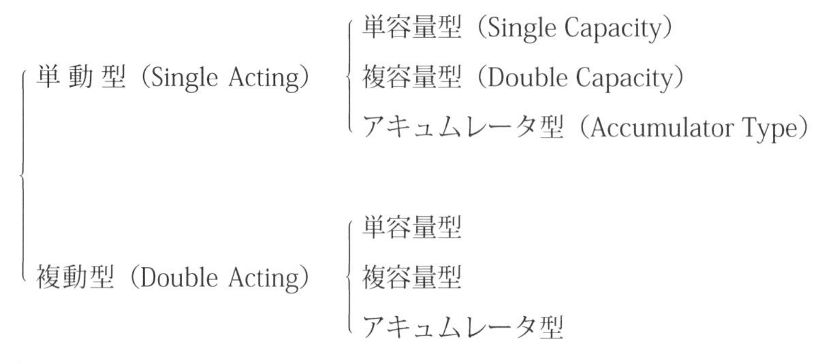

に分かれる。

図 4-1 は**単動型ガバナの説明図**である。

歯車ポンプおよびフライウエイトはエンジンが駆動する回転軸によって回転されている。エンジン

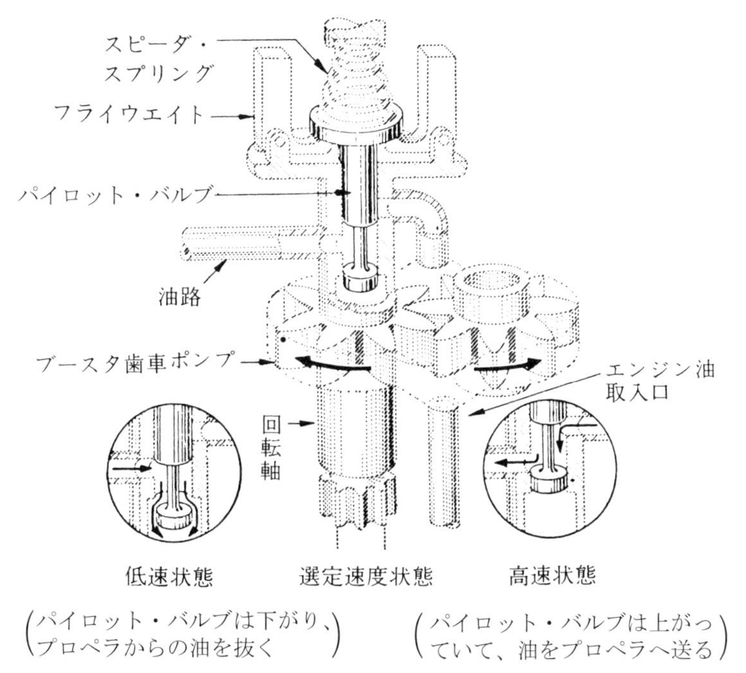

図 4–1　単動型ガバナ

からの油は取入口から入って歯車ポンプで昇圧され、パイロット弁のまわりを通って左手の油路の方へと流れる。フライウエイトはスピーダ・スプリングで押されている。

操縦席にあるプロペラ操作装置（プロペラ・コントロール・レバー又はプロペラ・ピッチ・レバー）を動かすと、ケーブルおよび滑車（**図 4–3**）を介してラック・アセンブリが上下し、フライウェイトの遠心力による広がりと、スピーダ・スプリングの張力とのつりあいが変わり、パイロット弁の位置が変わる。従って、油路の穴の大きさが変わり、プロペラへの油の流量が変化する。このようにして、プロペラは高ピッチまたは低ピッチになり、再びつりあいのとれた回転速度（選定速度状態）で落ち着くことになる。

単動型ではプロペラへ油を導く油路は 1 本のみであり、これがプロペラ・ピストンの前側または後側のいずれか一方に連結されている。従って、単動型ガバナ付きのプロペラでは、その逆の方向への動きには、エンジン油圧をそのまま利用したり、ブレードやカウンタ・ウエイトに働く遠心力を利用することになる。

図 4–2 は**複動型**の説明図であり、プロペラの油路が 2 本になっており、従って、ガバナ油圧がピストンの前後のいずれかの側へ導かれ、ピストンの前向きの動きも、後ろ向きの動きもともにガバナからの油圧によることになる。

アキュームレータ型は、フェザを必要としない単発機用としてアキュムレータを装備し、アキュムレータの圧をそのままガバナに導いてプロペラの制御を行うものもある。

単容量型は、ガバナ油圧が比較的低く、操縦室からケーブルで操作するがレスポンスがあまりよくないため、現在はあまり使用されていない。

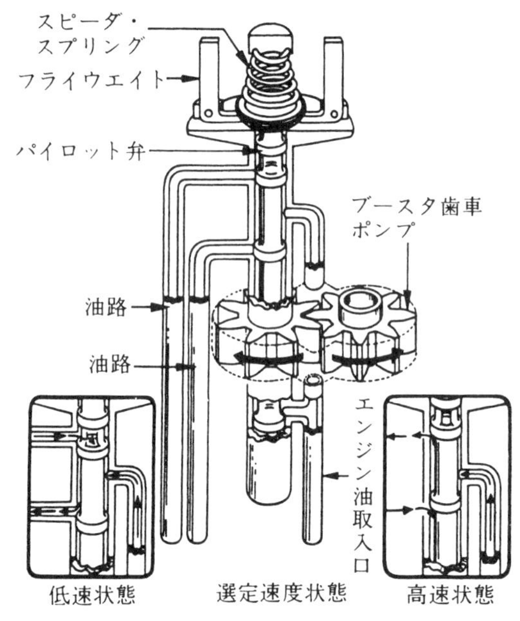

図 4-2　複動型ガバナ

図 4-3 はマッコーレイ定速プロペラに採用されているガバナの分解図の一例である。

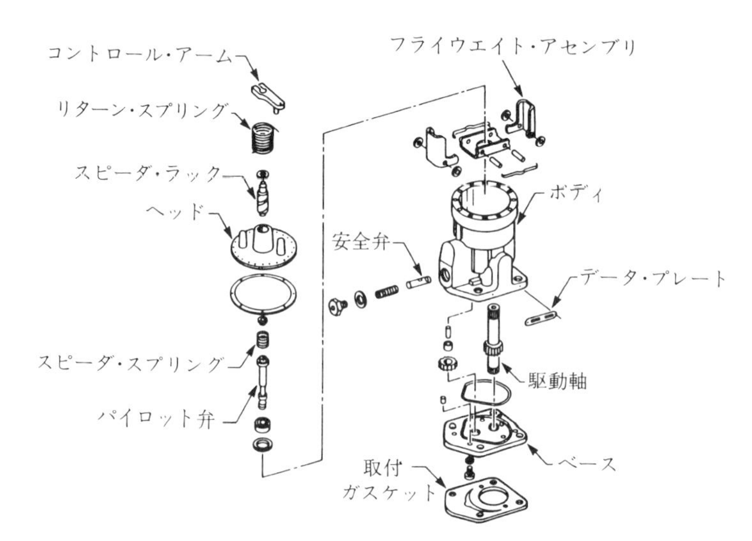

図 4-3　ガバナの構成部品

4-1-2　カウンタウエイト（Counterweight）

カウンタウエイトの機能を理解するのに最も分かりやすい例として、**図 4-4** にハミルトン・スタンダード式カウンタウエイト・プロペラの説明図を示す。

ピストン⑥はプロペラ軸に固定されており、その上を滑るシリンダ⑤はボール・ベアリング系⑧を介してカウンタウエイトの溝に連結されており、カウンタウエイトはブレード⑨の付根に固定されている。

プロペラが回転しているときには、このカウンタウエイト上に**図 4-5** に示すように、遠心力が働く。この遠心力は回転軸とカウンタウエイトの重心を通る一直線上に沿って働き、図のように２つの成分に分けることができる。このうち、垂直方向の成分がカウンタウエイトを軸のまわり（**図 4-4** の矢印の方向）に回そうとする力となり、ブレードを高ピッチ方向に回すように働く。

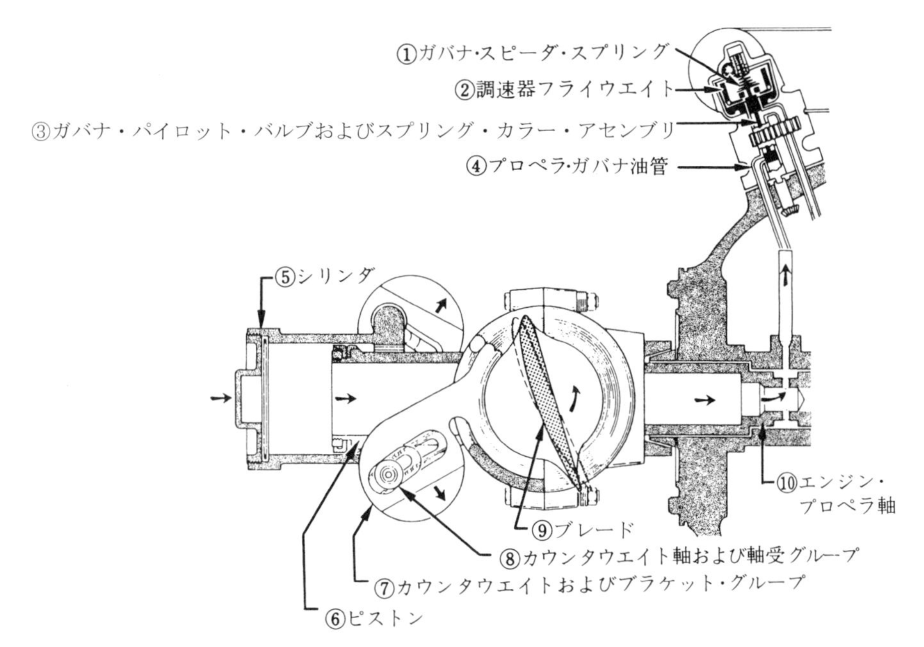

図 4-4　ハミルトン・スタンダード式カウンタウエイト・プロペラ（選定速度状態）

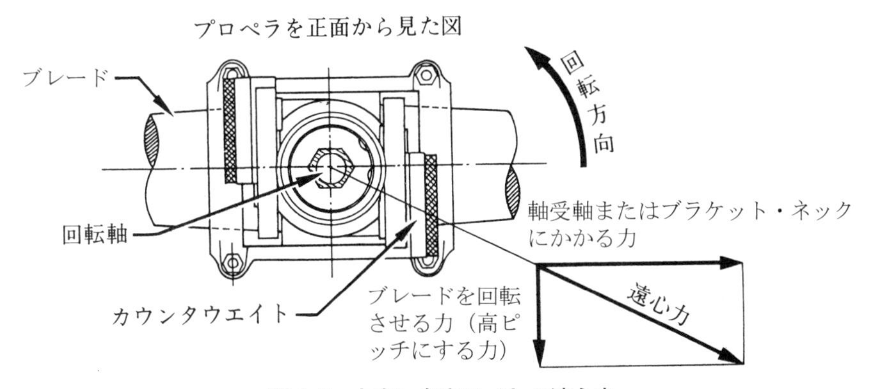

図 4-5　カウンタウエイトの遠心力

カウンタウエイトの形状は型式によって異なり、四角なものや丸みのついたもの（**図 4-6**）などがあるが、その働きは同じである。

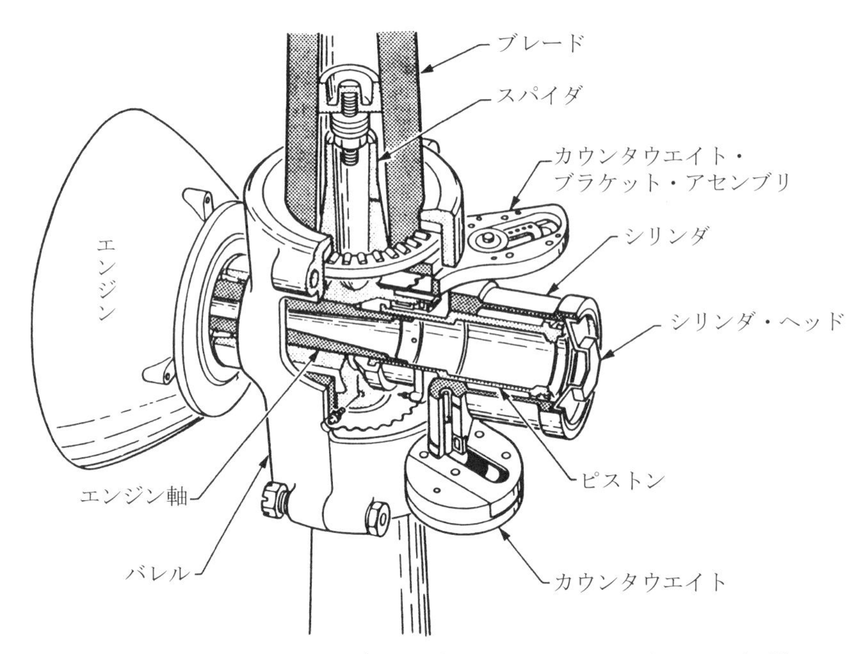

図 4-6　ハミルトン・スタンダード式カウンタウエイト・プロペラの切断図

4-1-3　リターン・スプリング

プロペラ・ブレードを高ピッチ方向へ回すには、かなりの力を必要とし、ピッチ角を大きくするほど大きな力を要す。プロペラを高ピッチの方向へ作用させる目的でカウンタウエイトを装着しているものがあるが、そのうち、ピッチ角の変更範囲の大きなプロペラにはシリンダ内にリターン・スプリングを備えているものがある。

このスプリングは、コントロール・スプリングまたはフェザ・スプリングなど、さまざまな名称で呼ばれることがある。

この機構により、多発の飛行機は飛行中、発動機が不作動になった（油圧がなくなった）場合、リターン・スプリングの力によりプロペラをフェザにすることで、プロペラの抗力を最小にし、他の発動機での飛行を可能にしている。

一方、単動型ガバナの場合は、油圧の力は高ピッチ方向へ、プロペラの遠心力とハブ内部のスプリング力は低ピッチ方向へ作用させることでピッチ変換を行っているものもある。このスプリングもリターン・スプリング呼んでいる。

従って、リターン・スプリングはプロペラの型式により、高ピッチ方向または低ピッチ方向へ作用させている。

第５章　実用プロペラ

概　　要

固定ピッチ・プロペラの取り付けは、一般に、エンジンのクランク軸上のフランジにボルトで固定されている。

定速プロペラはエンジン・シャフトの内部通路を昇圧されたオイルが通り、プロペラ・シリンダ内へ導かれ、ピストンの作動によりピッチの変更を行う。

プロペラは、遠心力や遠心ねじりモーメントにより低ピッチ方向へ動こうとする力が働くが、加圧されたエンジン・オイルをピストンの前面または後面に導き、プロペラに働く応力に抗して、それぞれの合力が釣り合うところでピストンが止まり、所望のピッチを得ている。また、回転中のプロペラを高ピッチ方向へ動かすことは大きな力を必要とするため、カウンター・ウエイトやスプリングを併用しているものもある。

実用プロペラの材料は、通常、アルミ合金製や複合材製である。

複合材製のプロペラは、炭素繊維をエポキシ樹脂で固めた桁を内蔵し、コアにガラス繊維および炭素繊維を組み合わせたものをエポキシ樹脂で固めて成形している。

Static Balance（静つり合い）は、ブレード根元に鉛などのウエイトを挿入して調整している。

多発の飛行機では、飛行中、エンジンが停止した場合、プロペラの回転を停止させるためのピッチを形成するフェザ・ストップや、着陸進入時などでエンジンをアイドル状態にした場合やプロペラ制御装置（Propeller Control Unit）に不具合が発生した場合、過度に低ピッチになり、推力が失われることを防止するための低ピッチ・ストップが備えられているものもある。さらに着陸接地後はファイン・ピッチ（０ピッチ）以下（リバース・ピッチ）にすることで、制動効果（ブレーキ効果）を高めているものもある。

プロペラの防氷系統は、一部にはアルコール噴射式が見られたが、現在は、ブラシ・ブロックとスリップ・リングの組み合わせにより通電し、ブレード前縁にヒーター・マットを貼りつけるタイプ、いわゆる電熱ヒーター方式が一般的である。

5-1　プロペラの取付法

5-1-1　フランジ式

図5-1に示すように、クランク軸上に鍛造された4～8 in径のフランジへ、プロペラをボルト止めする方式で、多くの水平対向エンジンや一部のターボプロップ・エンジンに使われている。

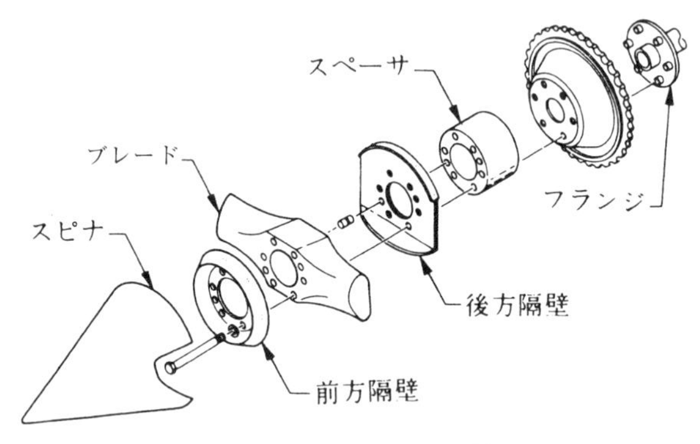

図5-1　フランジ式取り付け

5-1-2　スプライン式

図5-2に示すように、スプラインの付いた鋼製ハブに、スプライン軸がかみ合う方式のもので、星型エンジンや一部の水平対向エンジン、直列エンジン、ターボプロップ・エンジンなどに使われている。軸端のねじ部にリテーニング・ナットをねじ込み、リテーニング・リングをかけて、ハブをクランク軸に固定する。前後のコーンは、ブレードと軸との芯合わせとブレードをうまく軸上に座らせるためのもので、通常、青銅製である。

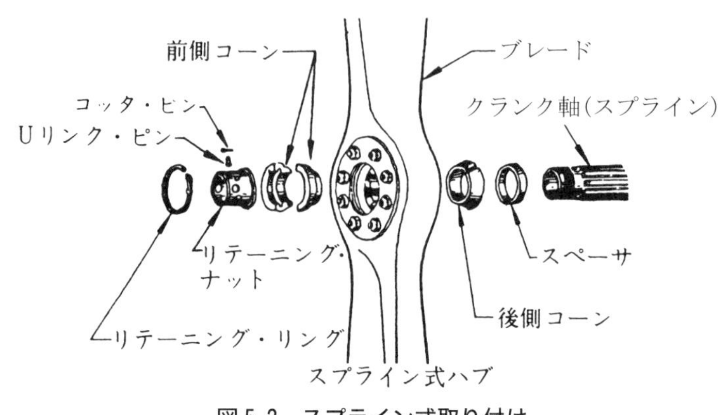

図5-2　スプライン式取り付け

5-1-3 テーパ式

図 5-3 に示すように、テーパの付いたクランク軸に、テーパ付きの鍛造鋼製ハブを取り付け、リテーニング・ナットで締め付ける方式で旧式の小出力エンジンに使われている。

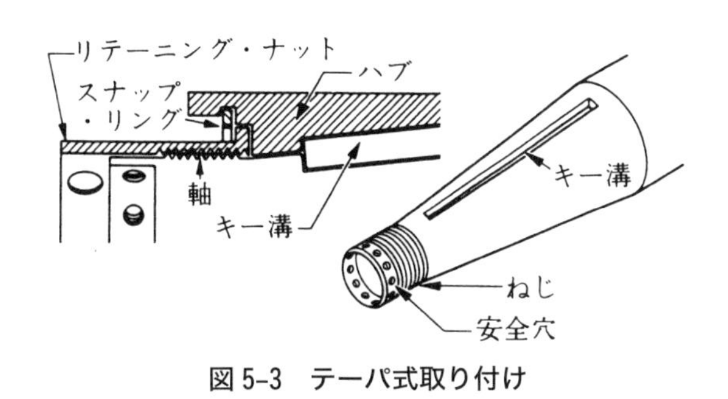

図 5-3 テーパ式取り付け

5-2 固定ピッチ・プロペラ

アルミ合金製プロペラは木製に比べ耐久性に優れ、薄く効率のよい翼型にすることができるため広く使われている。特に、ハブの近くまで翼型にすることができるのでエンジン冷却に適しており、また損傷を受けにくいため整備費も安価である。

通常、高張力アルミ合金で製作され、機械加工後にグラインダで仕上げる。水平つりあいの調整はブレードの先端部を削り取って行い、垂直つりあいはブレードの前・後縁、またはボス部を削り取って行う。ボス近くのつりあい穴に鉛（Lead Wool）を入れて水平つりあいをとったり、ボスの側面におもりを取り付けて垂直つりあいをとるような設計のものもある。ブレードの表面は陽極処理（Anodizing）、またはペイント塗装によって最終仕上げが行われる。

5-3 調整ピッチ・プロペラ

調整ピッチ・プロペラの構造例を**図 5-4** に示す。バレルは、ブレードのシャンク部を保持する基本構造部分であり、通常、合金鋼製で、一体構造のものと、図のように分割式のものとがある。バレルの内面には 1 / 8 in くらいのフライス削りによる切り欠きがあり、締め付けリングを締め付けたとき、たわみによってブレードをしっかりと保持できるようになっている。締め付けリングは、通常、図のような丁番型で、バレル外方端の溝にはまり、ボルトとナットで締め付けられる。

ブレードは木製、アルミ合金製または鋼製であり、その付根部分には機械加工によってショルダ（Shoulder）が付いており、これがハブ内側の溝にはまり、遠心力に抗してブレードをハブの中に保持する。

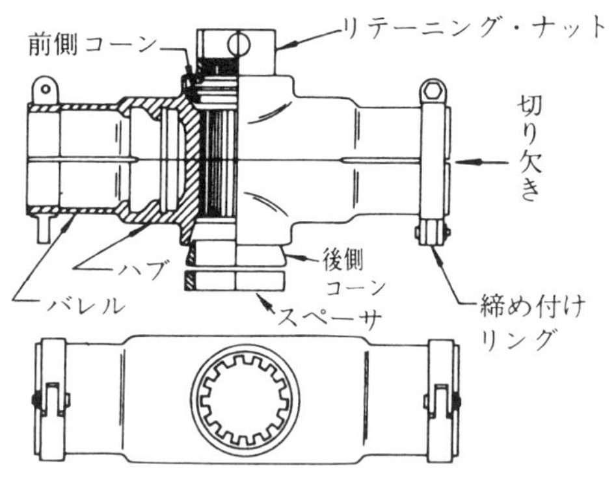

図 5-4　調整ピッチ・プロペラのハブ

5-4　定速プロペラ

5-4-1　マッコーレイ式定速プロペラ（B2D34C53/74E-O 型）

a．構　造

このプロペラは富士重工式 FA-200-180 型機に取り付けられている全金属製２ブレード定速プロペラで、**図 5-5** に示すような構造をしている。

ブレードには、その裏面に操縦者の眩惑防止用として黒色系のつや消し塗料が施されており、**図 5-6** に示すようにステーション 30 in のところにピッチ角測定用の黄線がマークされており、低ピッチは 12.7°、高ピッチは 27.5°、ピッチ変更範囲は 14.8°である。

ビーチ E 33（ボナンザ）に使われている２枚ブレード油圧定速式単動型プロペラ（2A36C23/84B-O）もこのプロペラと大差ない。

（以下、余白）

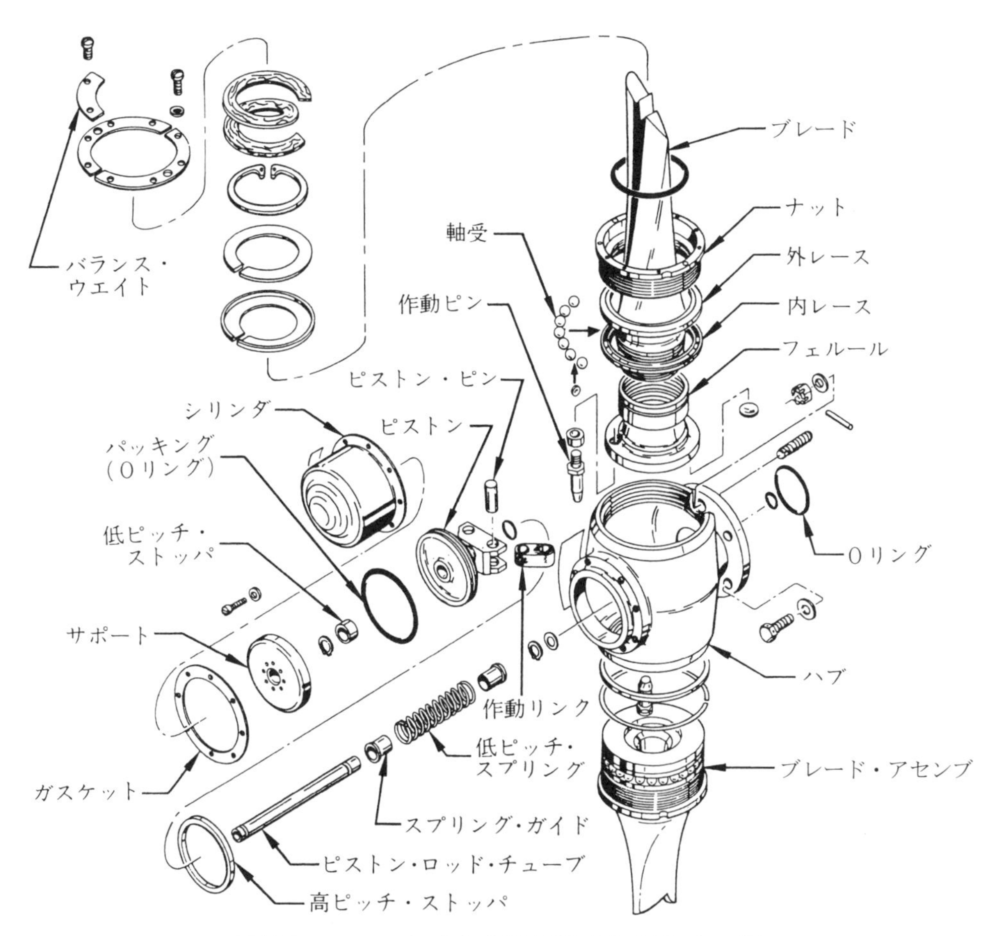

図 5-5 マッコーレイ式（B2D34C53 型）定速プロペラ

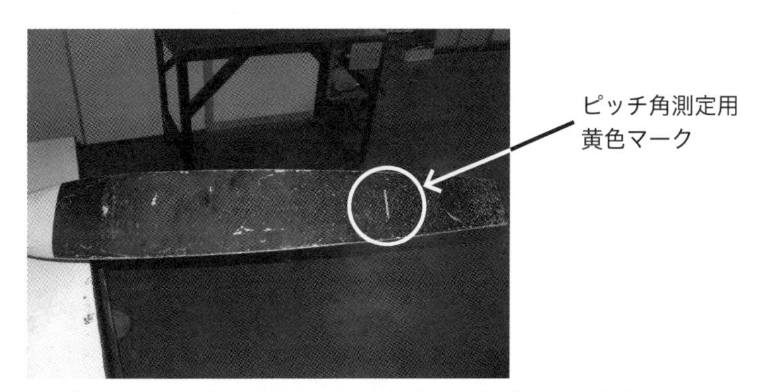

図 5-6 黒色つや消し・ピッチ角測定箇所（写真提供：国際航空専門学校）

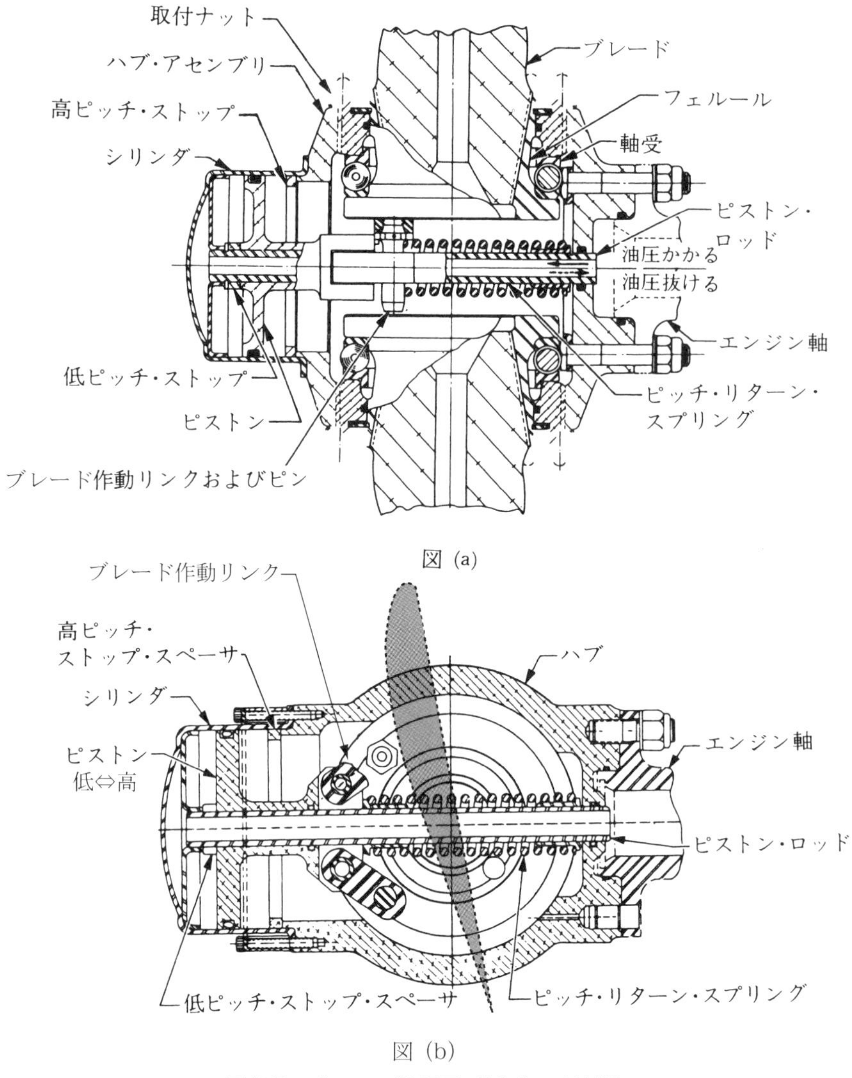

図 5-7　プロペラ説明図（低ピッチ状態）

b．ピッチ変更原理（図 5-7 参照）

エンジン駆動のガバナ（ウッドワード式 B210452 型：**図 5-8** 参照）で昇圧された油圧がエンジン軸を通り、プロペラ・シリンダの前部（ピストン前方）に送り込まれる。この油圧がピストンを後方に押し戻すと、ピストンに連結されているロッドが作動リンクを介してブレードを高ピッチ方向へ回す。

一方、この油圧力に対して、回転中のプロペラのブレードに生じる遠心力と、ハブの内部にあるスプリングの合力がブレードを低ピッチ方向に回そうとする。

つまり、油圧を変化させることによってピストンが移動し、プロペラのピッチが変わる。遠心力とスプリングの合力が油圧とつりあえば、ピストンはその位置に止まり、ブレードのピッチ角が定まることになる。

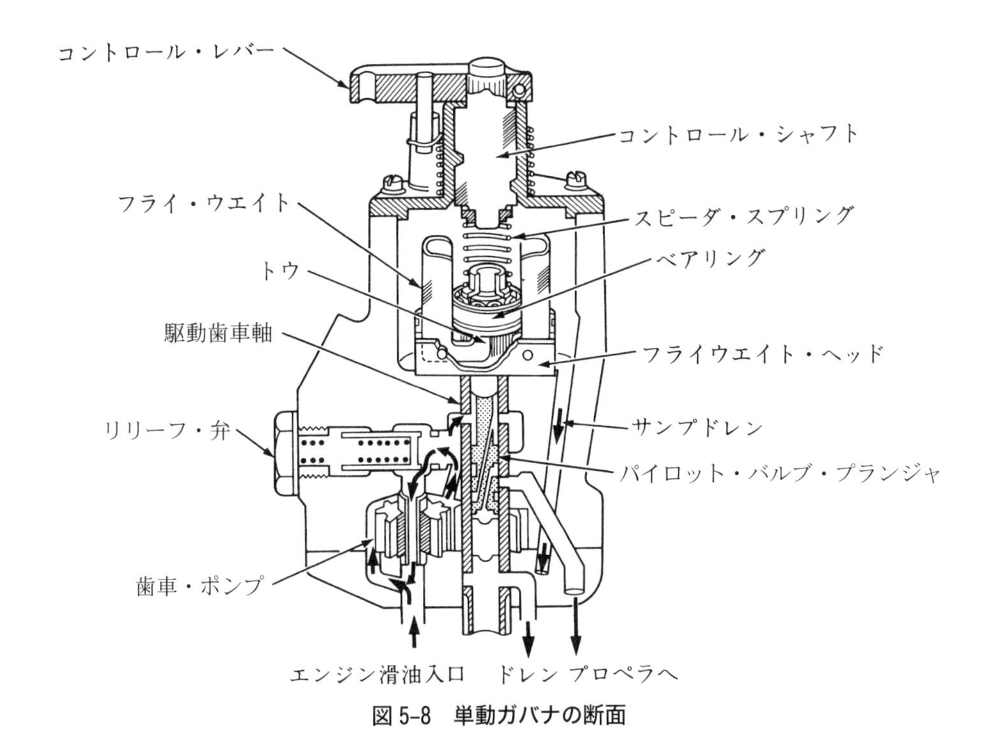

図 5-8　単動ガバナの断面

油圧を制御するのはガバナであり、**図 5-9** に示すように、操縦席のプロペラ操作レバーを操作することによってガバナを介して油圧が制御される。

c．単動型ガバナの作動（4-1 項参照）

前述のとおり、プロペラのピッチ角は（油圧）対（遠心力＋スプリング張力）のつりあい、または油圧の変化によって変わる。

この油圧は**図 5-8** に示すようにガバナ内のフライウエイトの回転による遠心力とスピーダ・スプリングの張力によって左右される。両者の力がつりあえば、**図 5-10** に示すようにパイロット・バルブによって油路はふさがれ、**選定速度**（On-Speed）**状態**になる。

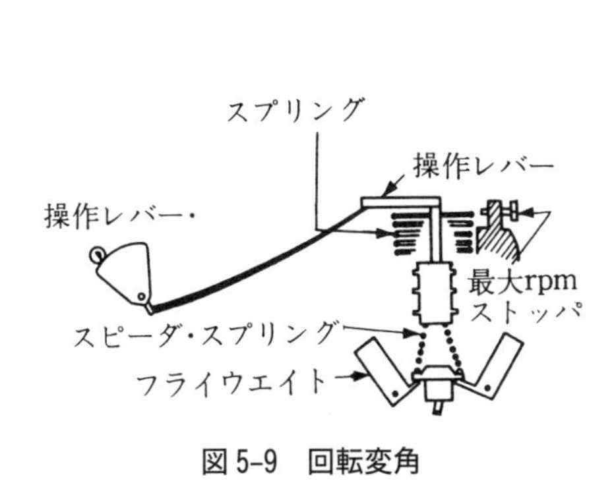

図 5-9　回転変角

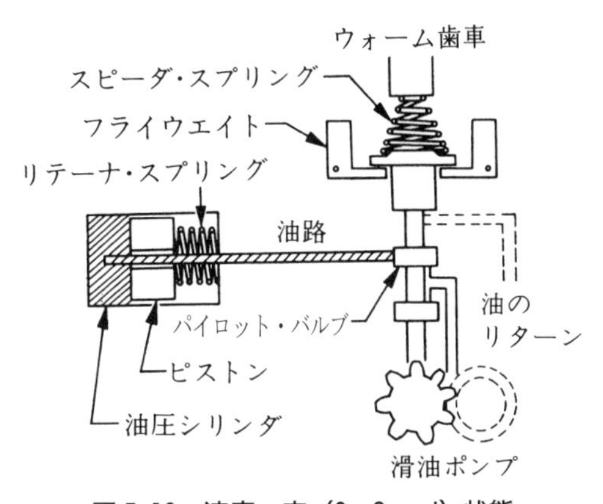

図 5-10　速度一定（On-Speed）状態

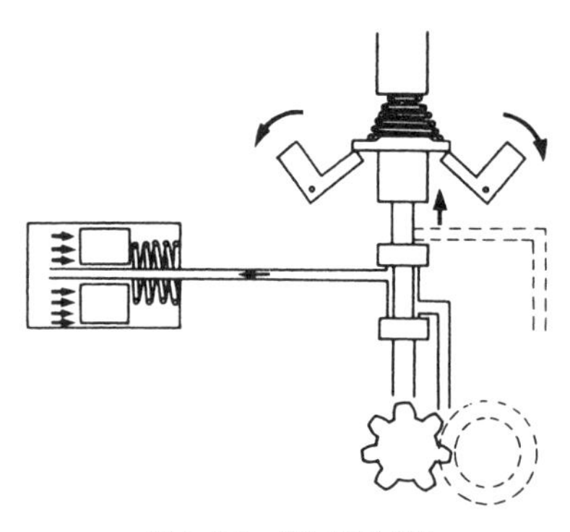

図 5-11　過回転状態

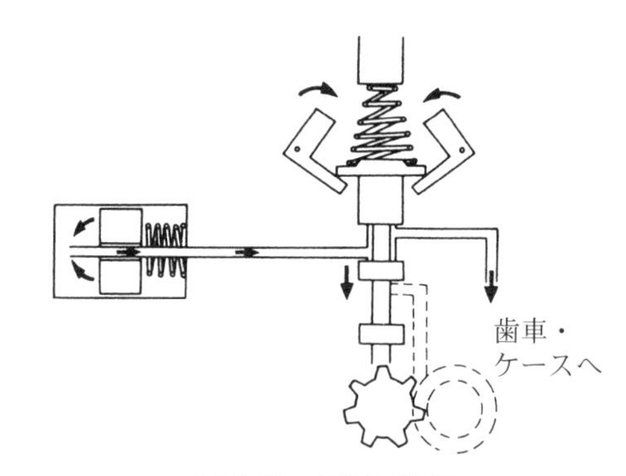

図 5-12　低回転状態

選定速度の状態で、操縦者がエンジン出力を増したり、あるいは降下飛行などによってプロペラにかかる負荷が減ると､プロペラの回転数が増加する〔これを**過回転**（Over-Speed）**状態**という〕。すると、**図 5-11** に示すように、フライウエイトの遠心力が増加し、パイロット・バルブが持ち上げられ、油路が高ピッチ回路に切り替えられる。高ピッチとなったブレードは負荷（空気抵抗）が増えるため、回転数が下がり元の選定速度になる。

また、エンジン出力を減らしたり、上昇飛行に移ったりした場合には、上記とは逆にプロペラの回転数が下がる〔これを低回転（Under-Speed）状態という〕。図 5-12 に示すように、フライウエイトの遠心力が減少し、パイロット･バルブが下がり、油圧が抜けるため、ブレードは低ピッチ方向に回り、従って負荷が減るため、プロペラの回転数が増加し、図 5-10 に示すように元の設定速度にもどることとなる。

ｄ．スロットル・レバーとプロペラ・ピッチ・レバーの関連

回転速度と吸気圧力の双方を上げてエンジンの出力を増加する場合は、スロットル・レバーで吸気圧力を上げてからプロペラ・ピッチ・レバーで回転を上げると、エンジンの回転数が上がるときに吸気圧力も変動する。従って、再度スロットル・レバーで吸気圧力を調整し直さなければならない。そこで、この場合は先にプロペラ・ピッチ・レバーで回転数を決めておけば、回転数はガバナで一定に保たれるため、後で直す必要はなくなる。

5-4-2　マッコーレイ式定速フル・フェザ・プロペラ（3FF32C501 型）

ａ．構　造

このプロペラは全金属製、３ブレード、定速、フル・フェザ、単動型ガバナ付きのプロペラで、**図 5-13** に示すような構造をしている。ブレードの付根にはカウンタウエイトが付いており、シリンダ内には、コントロール・スプリングを内蔵している（図 5-14）。

ｂ．ピッチ変更原理

ブレードを低ピッチ方向に回す（すなわち rpm を上げる）力としては､ガバナからの油圧を利用し、一方、高ピッチ方向に回す（すなわち rpm を下げる）力としてはスプリングとカウンタウエイトの

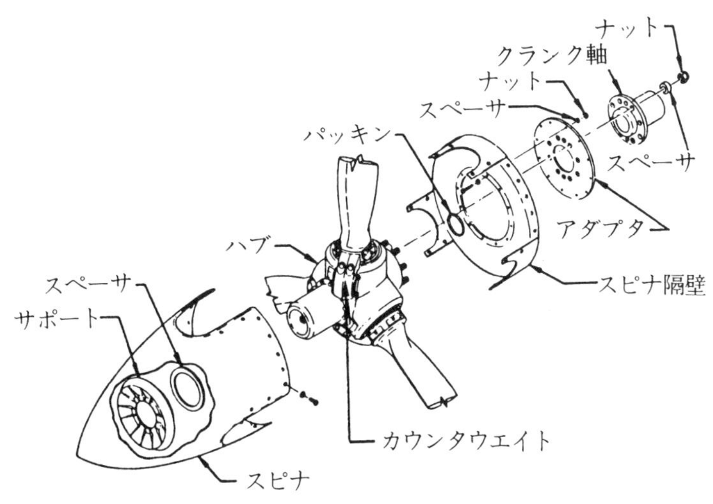

図 5-13　マッコーレイ式 3FF32C501 型定速プロペラ

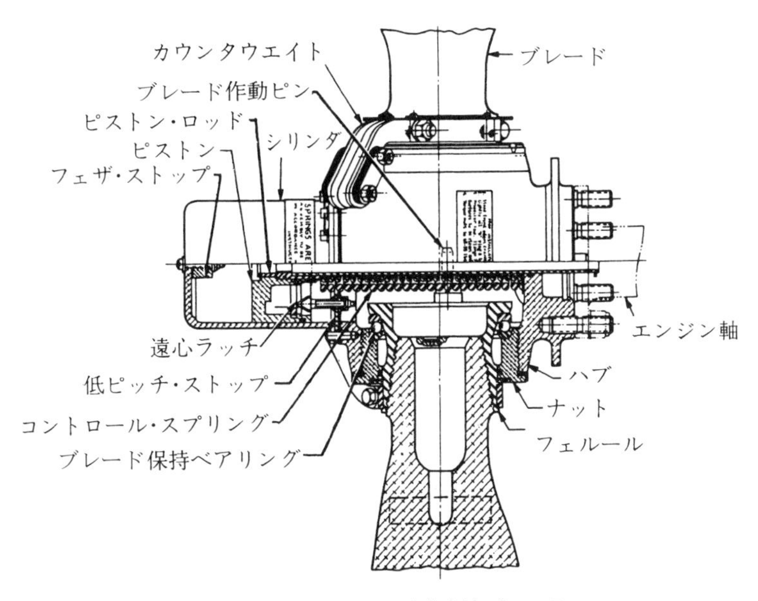

図 5-14　マッコーレイ式定速プロペラ

力を利用する。エンジンの滑油系統から供給される油はガバナ内の歯車ポンプで昇圧され、エンジン軸フランジを通ってハブへと供給される。

c．フェザ／アン・フェザ

最近の大部分の多発機には、1 発停止時の風車抗力を減らすため、フェザ・プロペラが使われている。プロペラをフェザにするには操縦室のコントロール・レバーをフェザ(Feather)位置にする。このとき、ガバナのレバーは低 rpm ストップまで引っ張られ、**図 5-15** に示すように、ガバナの rpm リフト・ロッドがパイロット・バルブを持ち上げ、プロペラから油圧を逃がす。このようにして、ブレードはスプリングの力とカウンタウエイトに働く遠心力とによってフェザ方向へ移行する。

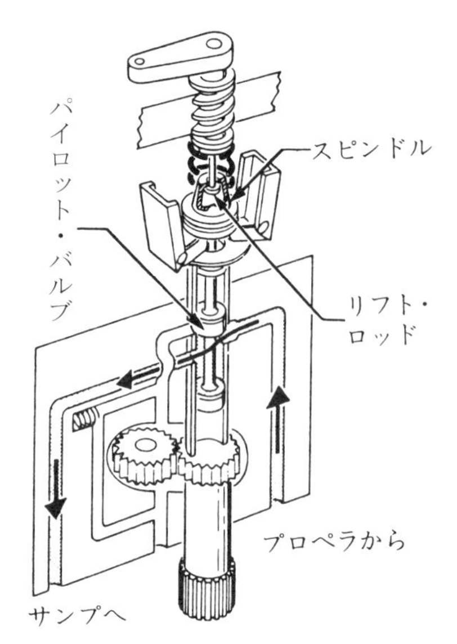

図 5-15　フェザ時のリフト・ロッドの動き

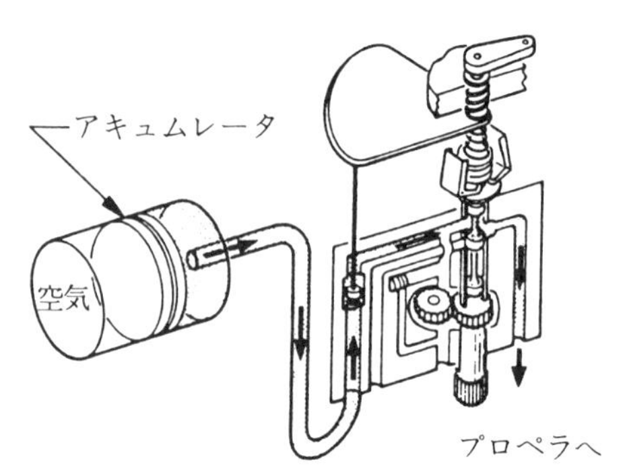

図 5-16　プロペラ・アキュムレータとガバナ（アン・フェザ時）

一方、コントロール・レバーを rpm 増の位置に置き、エンジンを始動させれば、油圧によってブレードはアン・フェザされる。エンジン始動時、スタータを作動させる前にアン・フェザにすることを容易にするため、任意装備として図 5-16 に示すようなアキュムレータを備えている機種もある。

d．高ピッチ・ラッチ機構

ハブの中にスプリングを内蔵しているプロペラでは、エンジン停止時に油圧が抜けると、ブレードが自動的にフェザ位置へと移行してしまう。そうなると再始動が困難となるので、これを防ぐために、高ピッチ・ストップを備えていることが多い。これはスプリング負荷式のラッチ機構であり、たとえば 900 rpm というような低速回転でラッチがかみ合うようになっている。

5-4-3　ハーツェル式定速プロペラ

ハーツェル式定速プロペラはパイパー製の飛行機に多く採用されており、鋼製ハブ・プロペラ型とコンパクト・プロペラ型に大別できる。

図 5-17、**-18** は鋼製ハブ・フル・フェザ・プロペラの一例であり、ブレードを低ピッチ方向に回すには油圧を利用し、高ピッチ方向に回すにはスプリングとカウンタウエイトの力を利用する。地上でのエンジン停止時にプロペラがフェザ位置へ移行するのを防ぐため、外部ラッチ機構（**図 5-17**）を備えている。

図 5-19 はコンパクト型プロペラの例であり、アルミ製のハブにアルミ製ブレードが取り付けられている。このプロペラではブレードを低ピッチ方向に回すにはブレードに働く遠心ねじりモーメントを利用し、一方、高ピッチ方向に回すにはガバナの油圧を利用する。

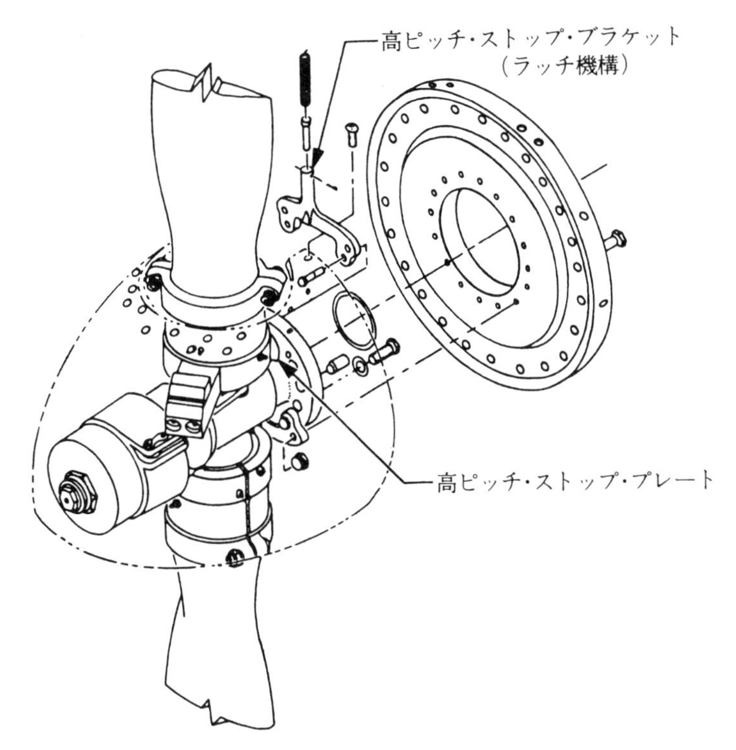

図 5-17　ハーツェル式鋼製ハブ・フェザ・プロペラの代表

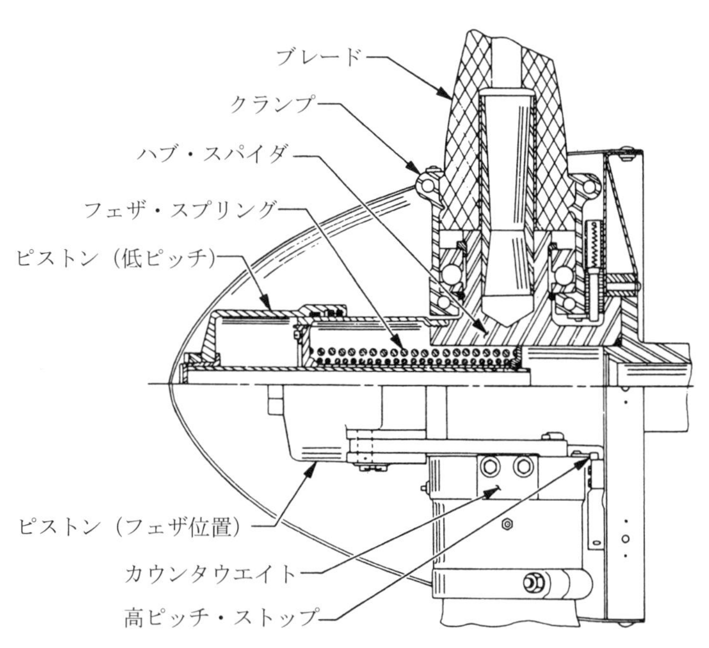

図 5-18　ピッチ変更機構

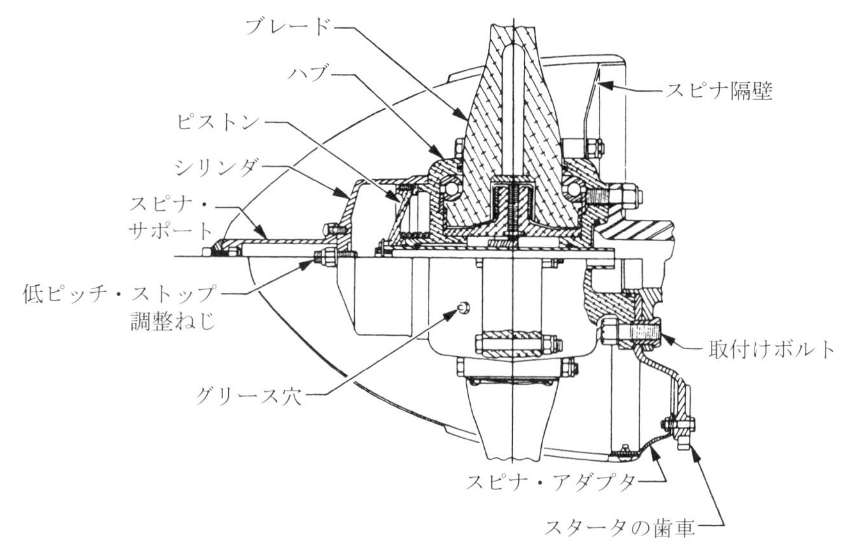

図5-19　ハーツェル・コンパクト・プロペラ

5-4-4　ハーツェル式油圧定速フル・フェザ・リバース・プロペラ（HC-B3TN-2⒝/TI0173B-8型）

a．一　般

このプロペラは、ビーチC90A型機に採用されているもので、おおよそフェザは87°、主低ピッチ・ストップは15°、零推力0°、最大リバース－11°に設定されている。

b．ピッチ変更原理

⑴　主ガバナ（Primary Governor）

このプロペラでは、主ガバナ（または定速ガバナ）と過回転ガバナ（Over-speed Governor）の2つのガバナによってプロペラのrpmが制御される。

主ガバナは普通のガバナと同様に、ブレード角（ピッチ角）を変更することによってプロペラのrpmを、操縦者が選定した一定の速度に維持する。

⑵　主ガバナの作動

主ガバナはポンプを内蔵している。このポンプはエンジン軸によって駆動され、エンジン油圧を375 psiまで昇圧する。プロペラ・ドームへ送り込まれる油圧が高いほど、プロペラのピッチは低くなり、回転速度が増加する。この油圧は常にピッチを下げる方向に働く。一方、フェザ・スプリングおよび遠心カウンタウエイトはプロペラを高ピッチの方向へ動かそうとしている。

いま、操縦者がプロペラの回転として1,900rpmを選定し、プロペラが実際に1,900rpmで回転していれば、**図5-20**に示すように、主ガバナのフライウエイトは「選定速度」状態にあり、パイロット・バルブはプロペラへの油路をふさいでいる。従って、プロペラのピッチは変わらず、プロペラは定速で回転している。

操縦室のプロペラ・レバーを動かさずに、飛行機が降下に移ると、対気速度が増加し、プロペラ

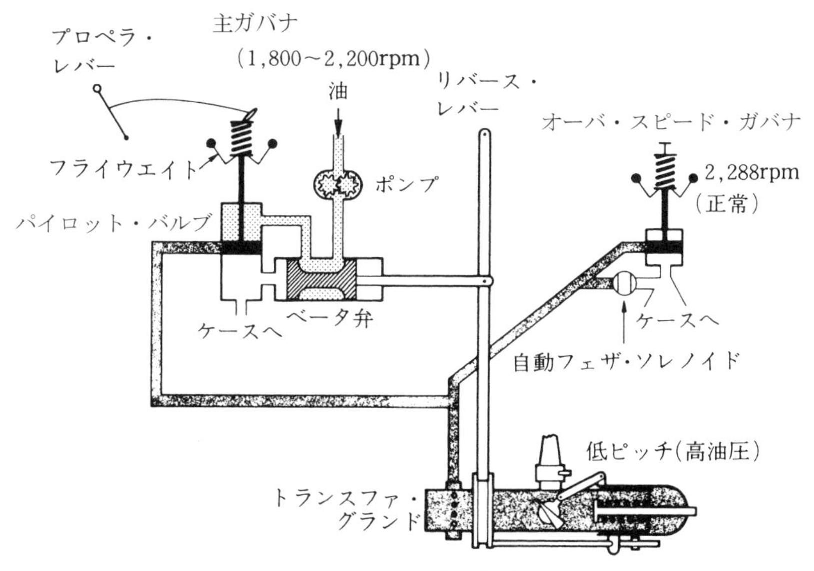

図 5-20　適正回転状態

の回転が高くなる。すると、**図 5-21** に示すように、フライウエイトが速く回転するため、その遠心力でパイロット・バルブが持ち上げられる。従って、パイロット・バルブを通って油が抜けるため、ピッチが高くなり、プロペラ rpm は下がる。このようにして、プロペラは元の rpm 値へもどる。

操縦室の操作装置を何も操作せずに、飛行機が上昇飛行に移った場合には、対気速度は減少し、プロペラの rpm は下がる。**図 5-22** のとおりフライウエイトは、その遠心力が下がるため、つぼむ。従って、パイロット・バルブが下がる。主ガバナからの高圧油がプロペラのピッチ機構へ送り込まれ、プロペラは低ピッチになる。こうして、プロペラの rpm は増加し、元の回転速度にもどる。

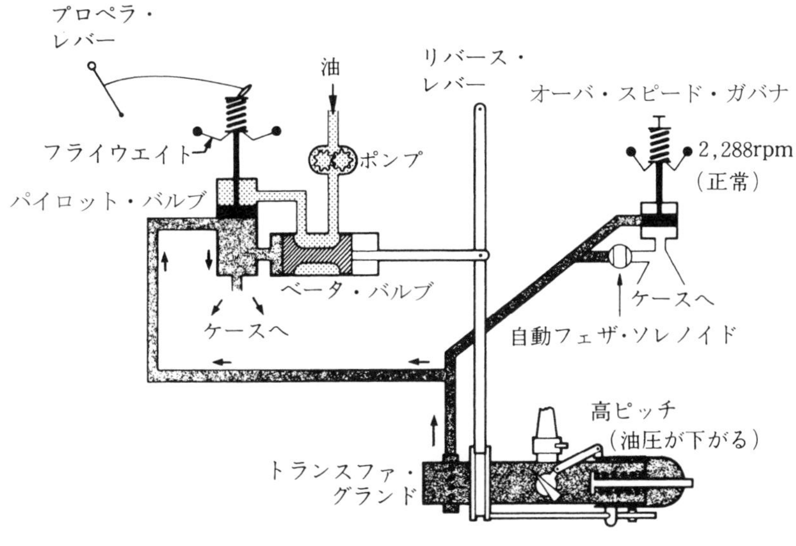

図 5-21　過回転状態

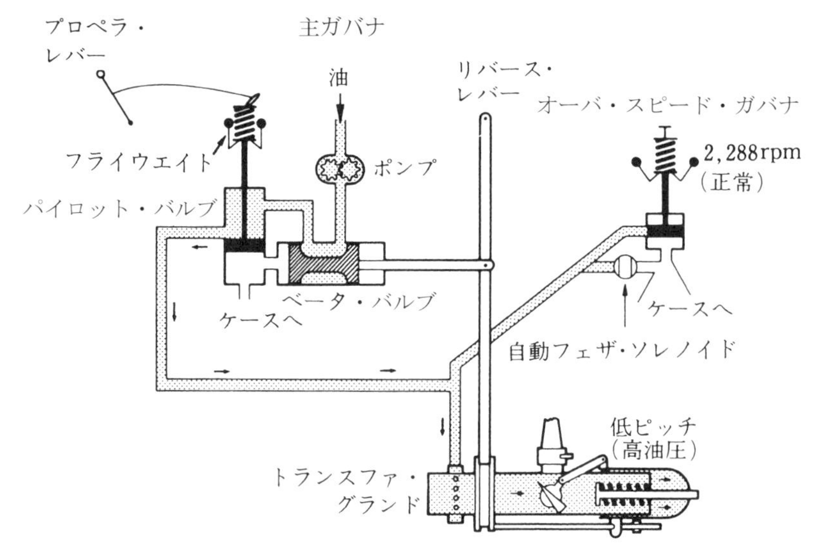

図 5-22　低回転速度状態

このプロペラでは、操縦者は 1,800 ～ 2,200 rpm の間の任意の速度を選定することができる。通常、離陸時には 2,200 rpm、上昇時には 2,000 rpm、巡航時には 1,900 rpm を選定する。

(3)　低ピッチ・ストップの作動（図 5-23、-24 参照）

このプロペラでは、出力レバーがアイドル以上にあれば、低ピッチ・ストップは 15°のブレード角のところに設定されており、出力レバーがアイドルより低くなると、低ピッチ・ストップはもっと低いブレード角のところに移る。

プロペラが 20°のブレード角を超えて低ピッチの方へ動くと、プロペラ・ドームから突き出ているフランジがスリップ・リング上のロッドの上にある３個の（低ピッチ・ストップ・）ナットに接触する。さらにピッチが下がると、ドーム上の各フランジがナットおよびロッド、さらにはスリッ

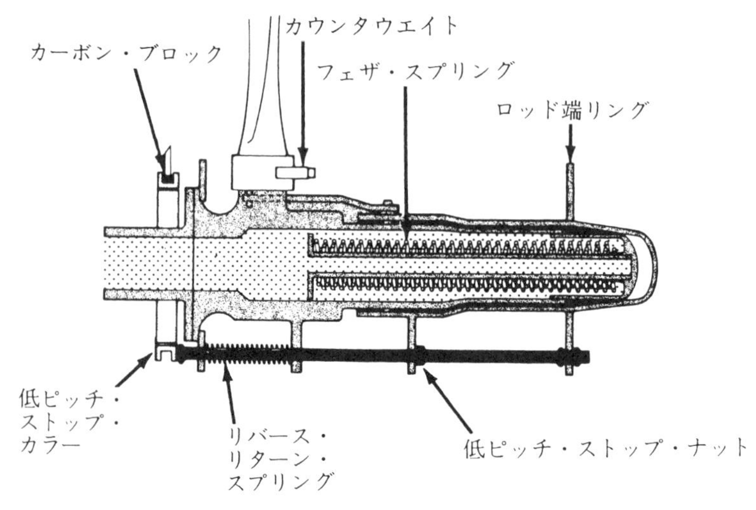

図 5-23　低ピッチ・ストップ

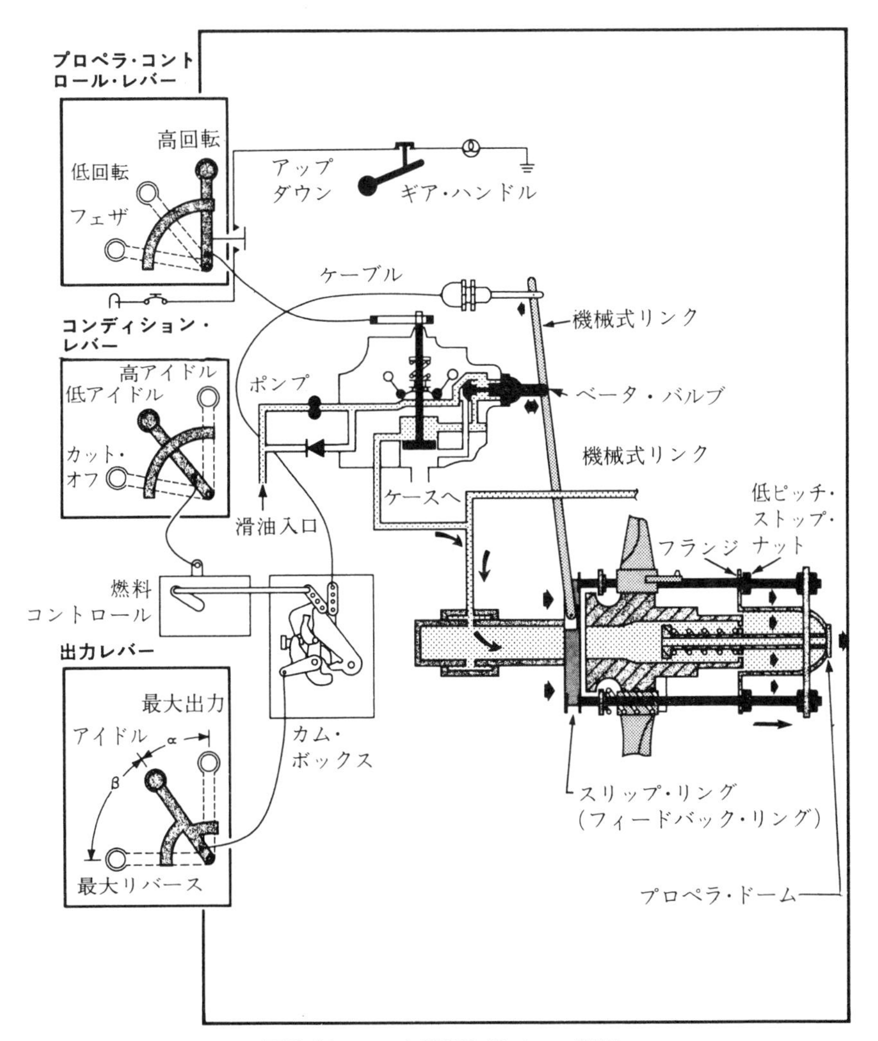

図 5-24　ベータ制御とリバース制御

プ・リングを前方へ動かす。

スリップ・リング上には機械式のリンク、「リバース・レバー」が乗っており、このレバーによって、スリップ・リングがベータ・バルブに連結されていると同時に、ケーブルを介して出力レバーへと結ばれている。レバーは上端をピボットとして回るようになっており、その中間にベータ・バルブが取り付けられている。

従って、スリップ・リングが前方へ動かされると、レバーによって「ベータ・バルブ」が閉位置になり、ブレード角が 15°に達すると、プロペラ・ドームへの油の供給が断たれるため、プロペラはそれ以上には低ピッチにならない。このようにして、飛行中には 15°のところに油圧式の低ピッチ・ストップが設定されている。

⑷　ベータ（β）制御およびリバース制御（図 5-24 参照）

カム・ボックスを経由する出力レバーの機械式リンク機構は、出力レバーをアイドルから最大前方出力まで増加しても、ベータ・バルブの位置は変わらないように設計されている。

一方、出力レバーをアイドルからリバース（またはβ）範囲へ操作した場合には、リバース・レバー（またはベータ・アームとも呼ぶ）が引きもどされ、ベータ・バルブが押しもどされるので、主ガバナの油がプロペラ･ピストンへ供給され、ブレード角が 15°よりも低いピッチへと移行する。

15°以下になると、ドームおよびスリップ・リングがさらに前進し、結局、ベータ・バルブを油閉止位置に引きもどす。さらに、出力レバーを下げると、ブレード角は 0 からマイナス角度へと移行する（つまり、低ピッチ・ストップの位置は出力レバーによって制御されることになる）。

(5)　フェザ操作（図 5–24 参照）

このプロペラをフェザにするには、プロペラ・レバーをデテントを越えて後方いっぱいにフェザ位置まで操作する。この操作によって、ガバナのパイロット・バルブが完全上げ位置に固定され、油がプロペラのピッチ変更機構から抜けるので、プロペラはフェザになる。

注 1：フリー・タービン方式では、プロペラ軸とエンジン軸とは直結されていないため、エンジンをアイドル運転しながら、プロペラをフェザすることができる。

注 2：飛行機の最終進入時のように、エンジン出力と対気速度がともに減る場合には、主ガバナが選定プロペラ rpm を維持できないことがある。出力および対気速度が徐々に減ると、プロペラおよびフライウエイトは低速状態になり、パイロット・バルブは下がり、ドームへの油圧が増大し、プロペラ・ピッチは下がる。
しかし、低ピッチ・ストップによってブレード角は 15°以下には移行できない。このようにして、ガバナが定速状態を維持できなくなると、プロペラはガバナ選定 rpm 以下に下がる。

注 3：15 〜－5°のベータ範囲においては、N_1 速度はコンディション・レバーの位置（Low Idle〜High Idle）によって制御される。－5 〜－11°　のブレード角範囲においては、N_1 速度は徐々に増加し、最大リバース時 85 〜 88 % になる。この N_1 が増加する範囲を「ベータ･プラス出力」範囲と呼ぶ。

(6)　オーバ・スピード・ガバナ（図 5–25 参照）

このガバナは主ガバナが故障した場合に、プロペラが過回転するのを防ぐためのものである（PT 6 エンジンのプロペラはフリー・タービンによって駆動されるため、主ガバナが故障すると急激に過回転となる）。オーバ・スピード・ガバナは、主ガバナの最大速度（2,200 rpm）より 4 % 高い速度（2,288 rpm）で作動する。

構造は主ガバナと似ており、フライウエイトとパイロット・バルブで構成される。プロペラの速度が 2,288 rpm に達すると、フライウエイトがパイロット・バルブを持ち上げるので、プロペラ・ドームの油圧が抜け、ブレード角が増加するので、回転速度が下がる。

(7)　燃料トッピング・ガバナ（Fuel Topping Governor）

燃料トッピング・ガバナ、または出力タービン・ガバナもプロペラの過回転を制御する装置であり、主ガバナの選定速度の 10 % 高い速度で作動する。過回転時には、このガバナが FCU（Fuel Control Unit）への空気圧を下げ、燃料流量およびエンジン速度を下げるので、結果としてプロペ

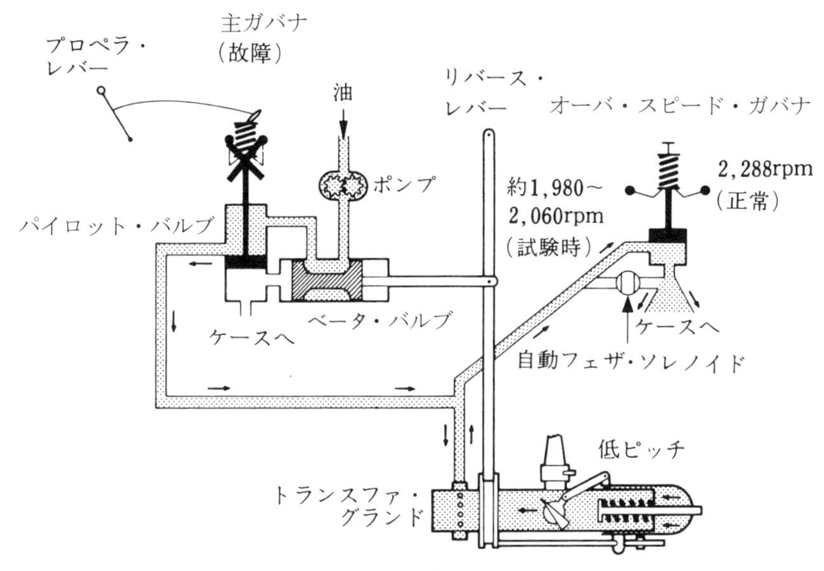

図 5-25　過回転調速状態

ラの rpm も下がることになる。

注：プロペラの過回転は極めて危険なものであり、このプロペラの rpm 限界は 2,420 rpm × 5 秒間である。

⑻　**出力レバー**（Power Lever）（図 5-26 参照）

中央ペデスタルのクオドラントにあり、カム・ボックスを介して、FCU、ベータ・バルブおよび出力タービン・ガバナ（N_p）に連結されている。

出力レバーは前方推力（α）範囲においては、ガス・ジェネレータ・ガバナ・（N_g）を通じてガス・ジェネレータの rpm を設定するとともに、選定した N_1rpm を維持するように燃料流量を決めることがその役目である。

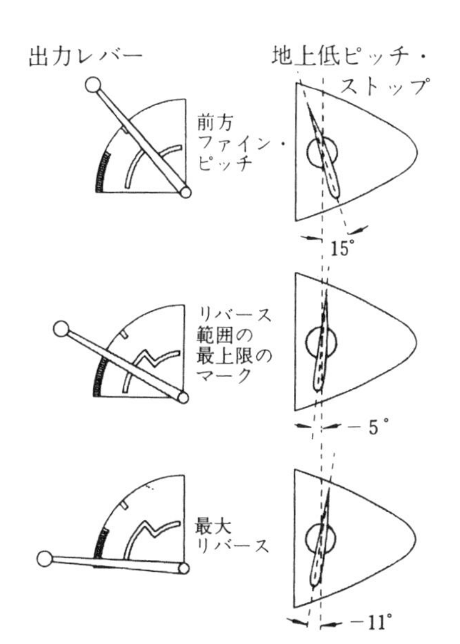

図 5-26　出力レバー

ベータ（β）範囲においては、プロペラのブレード角を減らす（従って、推力を減らす）のに出力レバーが使われる。リバース範囲においては、①レバーの後退距離に応じたブレード角の選定、②選定したリバース出力を維持するような燃料流量の設定、③通常、最大 N_1 が 101.5% のところ、リバース範囲においては $N_1$83～88% へと出力タービン・ガバナ（Np）を切り替えることが出力レバーの役目である。

⑼　**プロペラ・コントロール・レバー**

1,800～2,200 rpm の主ガバナによる制御範囲内においては、プロペラの rpm はプロペラ・コントロール・レバーの位置によって設定される。最前方位置にすれば 2,200 rpm、最後方位置にすれば 1,800 rpm に設定される。

フル・フェザ位置にすると、ガバナから油が抜けるので、プロペラはカウンタウエイトとフェザ・スプリングの力で 87°のフェザ位置に移行する。

⑽　定速プロペラ装備機の出力設定・操作

定速プロペラを装備した飛行機で出力をセットする場合、まず、プロペラ・コントロール・レバーを操作して回転数をセットし、次にスロットル・レバー（パワー・レバー）で出力をセットする。この操作を逆にすると、ピストン・エンジン機では吸気圧力が過大になり、また、ターボ・プロップ機ではエンジン・トルクや排気ガス温度が異常に高くなるなど、エンジンへの負荷が過大となることがある。

通常、離陸時は、プロペラ・コントロール・レバーを最前方へ進め、プロペラを低ピッチ（高回転）にセットし、エンジンが離陸出力になるようスロットル・レバー（パワー・レバー）を進める。離陸後は、上昇中にスロットル・レバー（パワー・レバー）を引き、次いで所望の回転数までプロペラ・コントロール・レバーを引き（回転数を下げる）、再度、スロットル・レバー（パワー・レバー）を操作して出力をセットする。また、着陸進入時は着陸復行（ゴー・アラウンド）に備えて低ピッチ（高回転）にセットした状態でスロットル・レバー（パワー・レバー）をアイドル付近まで下げ、適正な着陸進入速度を維持し着陸する。

なお、ターボ・プロップ機では、スロットル・レバー（パワー・レバー）のみでエンジンへの燃料流量のコントロールとプロペラ・ピッチのコントロールを同時に行い、自動的にエンジンの運転状態に適したプロペラ・ピッチとなるようにしているものもある。

また、ターボ・プロップ機では飛行中、エンジンが停止した場合、プロペラ回転を停止させるためのピッチを形成するフェザ・ストップや、着陸進入時などでエンジンをアイドル状態にした場合やプロペラ制御装置（Propeller Control Unit）に不具合が発生した場合、過度に低ピッチになり、推力が失われることを防止するため、低ピッチ・ストップが備えられているものもある。更に、着陸後はファイン・ピッチ（０ピッチ）以下（リバース・ピッチ）にすることで、制動効果（ブレーキ効果）を高めているものもある。

⑾　自動フェザ系統（図 5–27、–28 参照）

自動フェザ系統は、エンジン故障時に、直ちにプロペラ・サーボから油を抜き、フェザ・スプリングとカウンタウエイトの力でブレードをフェザにする系統である。

両エンジンの出力レバーが 90 % N_1 以上の位置にあれば、出力レバー・スィッチが閉位置にあり、左右の指示灯が点灯していて、アーム状態にある。この系統は離陸、上昇および着陸時のみに作動するように設計されており、巡航時には OFF にする。

いずれか片方のエンジンのトルク油圧が規定値より下がると、トルク・スィッチが ON となり、プロペラ・サーボから油が抜けるので、フェザがはじまる。残りのエンジンの自動フェザ系統はディスアームされる。

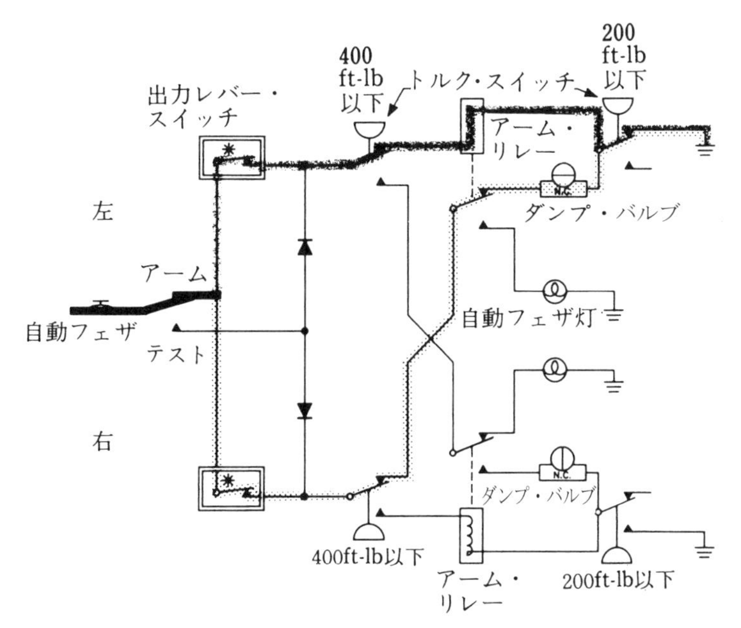

図 5-27　自動フェザ系統（左エンジン故障・フェザ時）

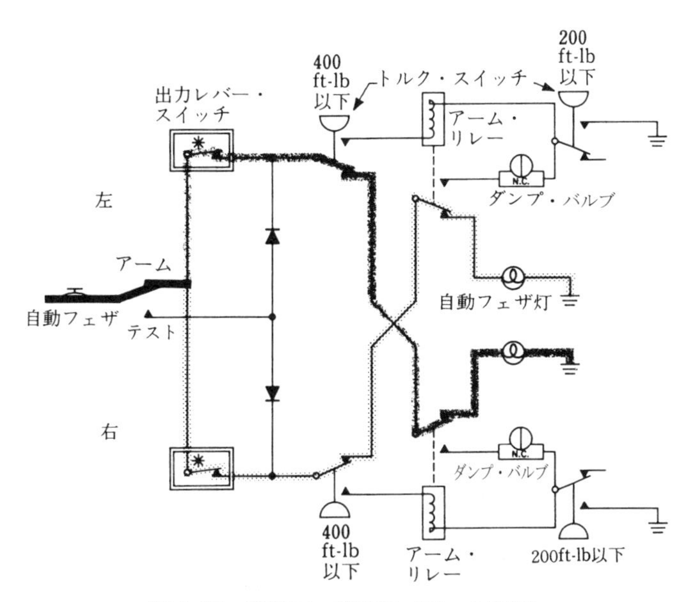

図 5-28　自動フェザ系統（アーム状態）

5-4-5　ダウティ・エアロスペース式定速プロペラ（(c) R408/6-123-F/17）

a．構　造

このプロペラは、デハビランド DHC8-400 型機の P & W PW 150 エンジンに使われているプロペラで、R408/6-123-F/17 は次のような意味を持っている。

R：Dowty Aerospace Propellers の製造者
（Rotol Airscrews Ltd から）
408/：航空機型式識別番号
6：ブレードの枚数
123：ブレード付根端のサイズ（mm）
F/：フランジ取付け
17：機能／装備特性

ハブは一体構造で、アルミ合金の鍛造品である。（**図 5-29**）

ブレードは複合材料で製作され、ブレードの主荷重を担う部分は炭素繊維補強のエポキシ樹脂（C. F. R. P）の２本の桁を内蔵している（**図 5-30**）。これらの２本の桁はブレードの付根端末で一緒になり、内外のスリーブの間にサンドイッチになっている外方フレアリング・ウエッジによって定位置に保持されている。

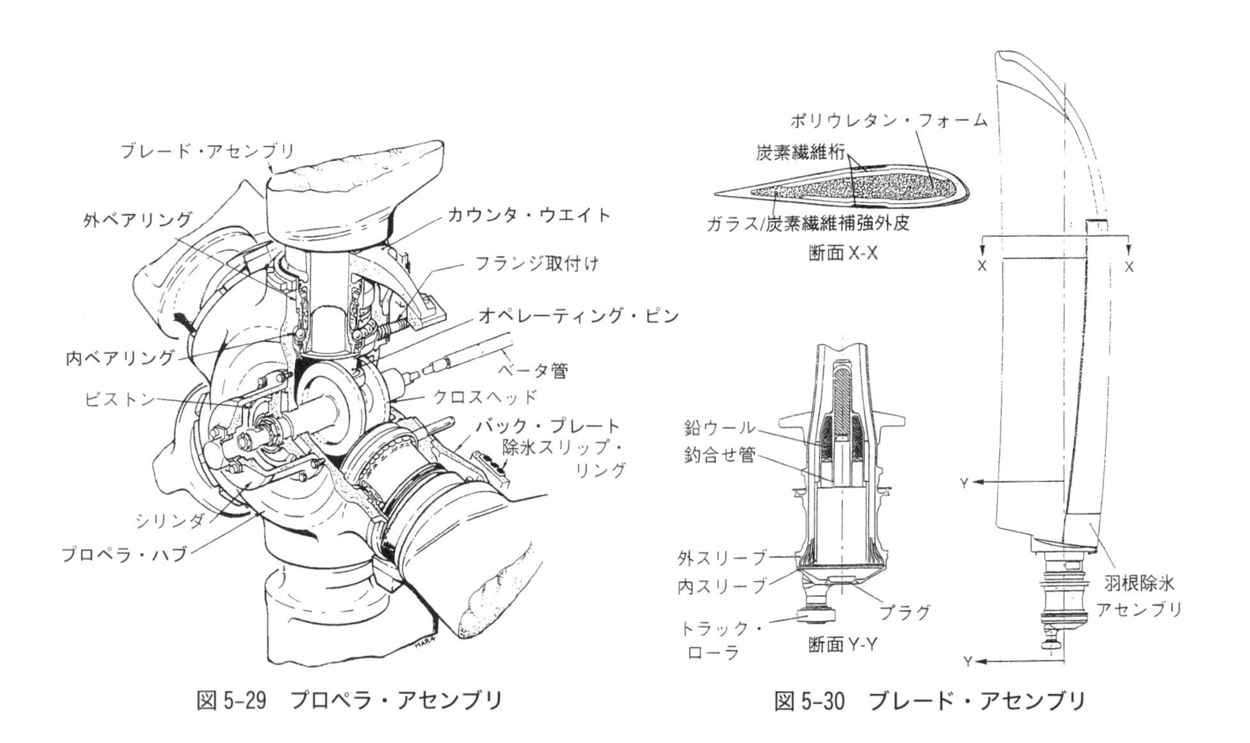

図 5-29　プロペラ・アセンブリ

図 5-30　ブレード・アセンブリ

ブレードのシェル（殻）はガラス繊維および炭素繊維を編んだ繊維で補強したエポキシ樹脂であり、ブレードの形はポリウレタン・フォームの芯によって保持されている。各ブレードの表面はポリウレタンの噴霧層で覆われており、ブレードの下方の金属付根のすぐ上の部分には付根抗力損失を最少限にするため、低密度のポリウレタン・フォームのカフ（cuff）が取り付けられている。

各ブレードは付根の穴の中の管に鉛ウール（lead wool）を挿入・密閉して個々に釣合いが取られている。

ブレードの前縁内方部の電気単相除氷オーバシュー（overshoe）はブレードの着氷を防ぎ、オーバシューの外方のニッケル前縁保護ストリップは摩耗を防ぐために取り付けられている。

図 5-31 に示すように、クロスヘッドの中心は中空で、ベータ管バルブ・アセンブリがここを通ってプロペラ制御装置（PCU）に結ばれており、管の前端はクロスヘッド軸の前端にねじ込まれている。

ベータ管は 2 本の同心管より成り、クロスヘッドと PCU の間に取り付けられ、プロペラ軸の中を走っている。管はピストンと一緒に動き、ベータ・フィードバック・トランスデューサ（BFT）を経て PCU へブレードの位置をフィードバックする。

油は PCU からこれらの管を経てピストンの前および後に流れる。

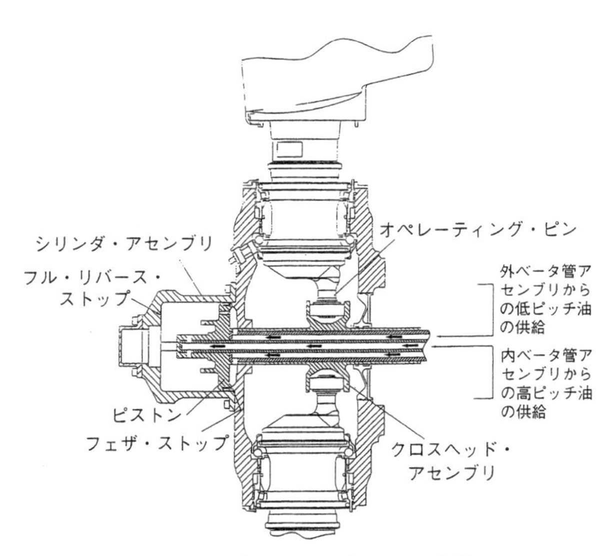

図 5-31　クロスヘッド＆ベータ管

カウンタウエイトは、軽合金鍛造ブラケットの中に重い焼結タングステン・メタル・スラグを入れた構造で、各ブレードの付根にオフセットで取り付けられている（図 5-32）。

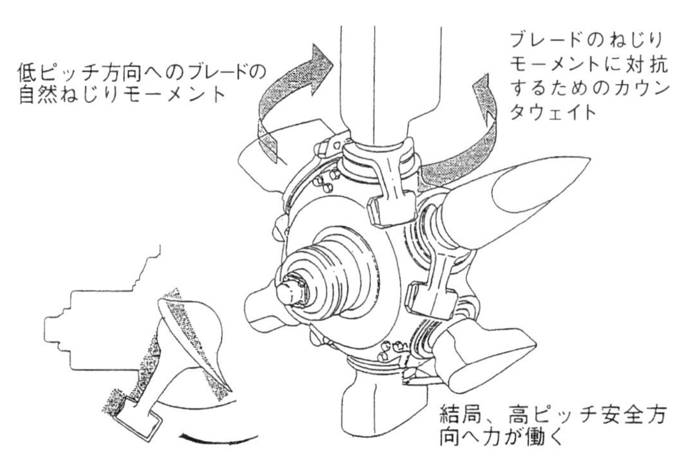

図 5-32　カウンタウェイト

シリンダはアルミ合金製で、12 本のキャップねじでハブの前面に固定されている。

シリンダにはアルミ合金製のプロペラ・オペレーティング・ピストンが内蔵されている。

ピストンの外方後面にはフェザ･ストップが機械加工されており、このストップはプロペラがフル･フェザ位置にある時にハブの前面に接触する。

b．プロペラ・システムの構成部品

このプロペラのシステムは次のもので構成されている：

1. R408 プロペラ・アセンブリ（**図 5-33**）
2. ピッチ制御装置（PCU）
3. オーバ・スピード・ガバナ（OSG）および HP ポンプ装置
4. 補助ポンプ・アセンブリ
5. タイマ監視制御装置（TMCU）：プロペラ除氷用
6. ブラシ・ブロック装置
7. 磁気ピックアップ装置（MPU）：二重制御
8. プロペラ電子制御装置（PEC）

ピッチ制御装置 PCU（**図 5-34**）はプロペラ・ギアボックスの後面に取り付けられており、PEC（プロペラ電子制御装置）からの信号に対応してピストンへの油の流れを制御し、ブレード角度またはプロペラ rpm の制御を行う。この装置は次のような部品で構成されている；

①サーボ・バルブ、②バックアップ・フェザ・バルブ（BFV)、③地上ベータ・エネイブル・バルブ／ソレノイド、④ベータ・フィードバック・トランスデューサ（BFT）-LVDT（Liner Variable Displacement Transducer)、⑤アンフェザ・バルブ／ソレノイド、⑥ノン・リターン・バルブ、

⑦リストリクタ R2/R3。

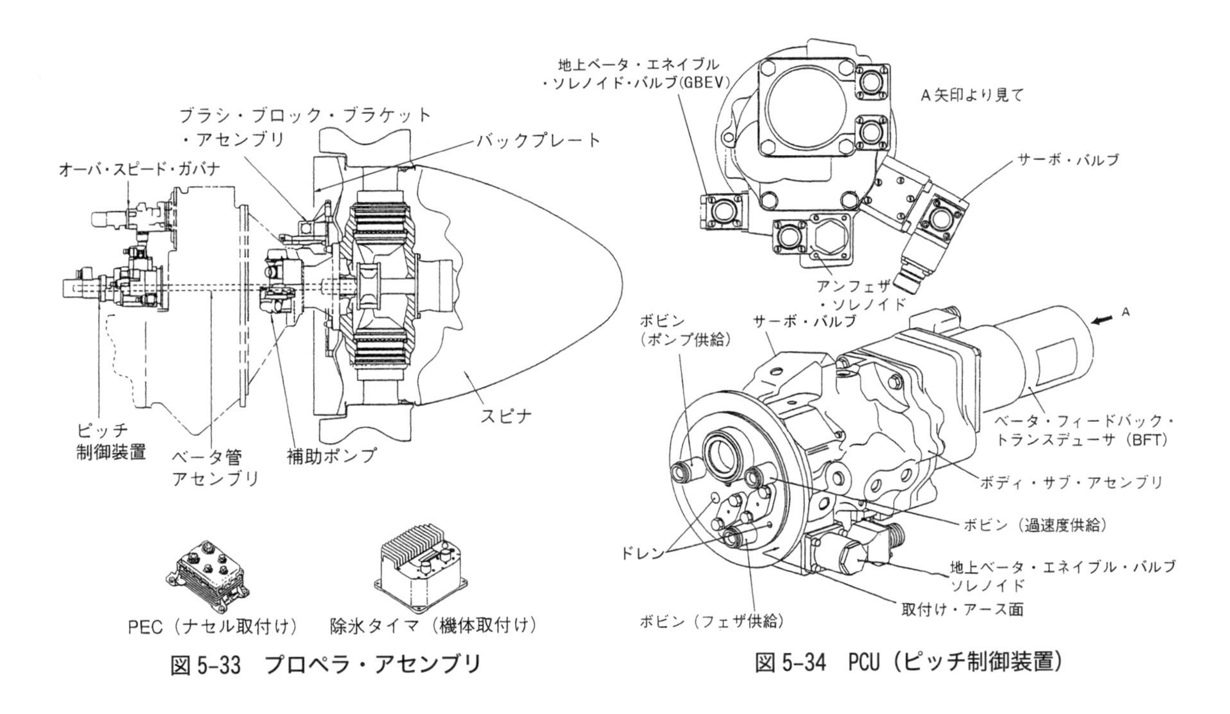

図 5-33 プロペラ・アセンブリ　　**図 5-34 PCU（ピッチ制御装置）**

サーボ・バルブ（図 5-35）は PCU 上に取り付けられており、PEC（プロペラ電子制御装置）によってシリンダのピッチ高またはピッチ低の室へ向けて高圧油を流し、ブレードを希望する方向へ動かす。

このバルブは２段のノズル／フラッパー設計で、このシステム内の主制御装置であり、すべての制御モードで使われる。第一段のトルク・ドライブは２個のコイルを持ち、それぞれは各 PEC の各レーン（Lane）に結ばれている。電力がこない場合や、PEC レーンのいずれかからのサーボ・バルブ・ドライブ出力の消失の場合またはサーボ・バルブ内のトルク・モータ・コイルの両セットが故障の場合には、電力ゼロ・バイアスによってサーボ・バルブはピッチ高の選択を与え、プロペラはフェザの方へ動く。

このピッチ高のバイアスが選ばれたのは、電力の完全消失時にはエンジンへの燃料供給が止まるので、この状態ではプロペラをフェザするのが適当だからである。

注：仮にサーボ・バルブが「ドライブ・ファイン（Drive Fine：低ピッチ方向への駆動）」位置でスティックした場合、飛行中は OSG（Overspeed Governor & HP Pump Unit）によりコントロールされる。

バックアップ・フェザ・バルブ（BFV）は、補助ポンプからの圧力で働くようになり、補助ポンプが残りの制御システムをオーバーライドしてブレードをフェザ角まで動かす。

いったん働くようになると、PCU への高ピッチの油圧ラインが補助ポンプに結ばれ、低ピッチのラインはドレンに結ばれるので、プロペラは高ピッチへと動かされ、最後にはフェザ・ピッチになる。

地上ベータ・エネイブル・バルブ（GBEV）およびソレノイドは、次のような目的のためにある：

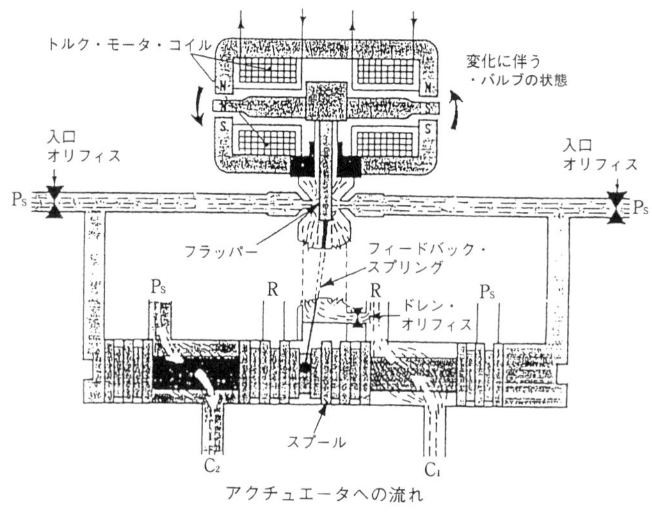

図 5-35　サーボ・バルブ

⑴　飛行中の定速モードにおいて、PCU の地上低ピッチ室をドレンに結ぶことによって 16°(@ 0.7 R) ブレード角に制限し、油圧飛行低ピッチ・ストップを作る。

⑵　次の理由から地上ベータ制御中、オーバ・スピード・ガバナ（OSG）を隔離する。

　⒜　接地後または離陸中止時に急速にフル・リバースを選定した際のピッチ・ハングアップを防止する。

　⒝　リバース・ピッチ位置からの急速な全出力の選択時に生じるピッチ・ハングアップを防止する。

ハングアップが起きないよう、ソレノイドは出力レバーがフライト・アイドル・ゲートを通過した後、数秒間は励磁されている。

このバルブがこの位置にある時には、エンジン燃料弁制御器（Fuel Valve Controller）が過速度防止の任に当たる。

このバルブは次のように作動する：

バルブは関連のソレノイドによって作動する。励磁される（energize）と、ソレノイドが地上ベータ・エネイブル・バルブ・スプールの端の室をドレンに結ぶ。こうして、スプールは反対側のスプリングによって地上位置へ動く。

このようにして、高圧油がポンプ供給ラインを経て PCU に入り、システムから OSG を締め出し、飛行低ピッチ・ストップを外して地上ベータ域での作動を可能にする。

励磁を解く（de-energize）と、地上ベータ・エネイブル・ソレノイドがスプールの（左）端への圧力を回復させる。これによって、OSG および飛行低ピッチ・ストップの機能が回復される。

地上ベータ・エネイブル・ソレノイドは、2 個のスイッチが直列に結ばれる時のみ ON になる。1 つのスイッチは出力レバーのクォードラント（Quadrant）のフライト・アイドル・ゲートの下 1 - 2° にあり、出力レバーがそれ以下にあれば閉になる。もう 1 つは PEC の中にあり、次のすべての条件

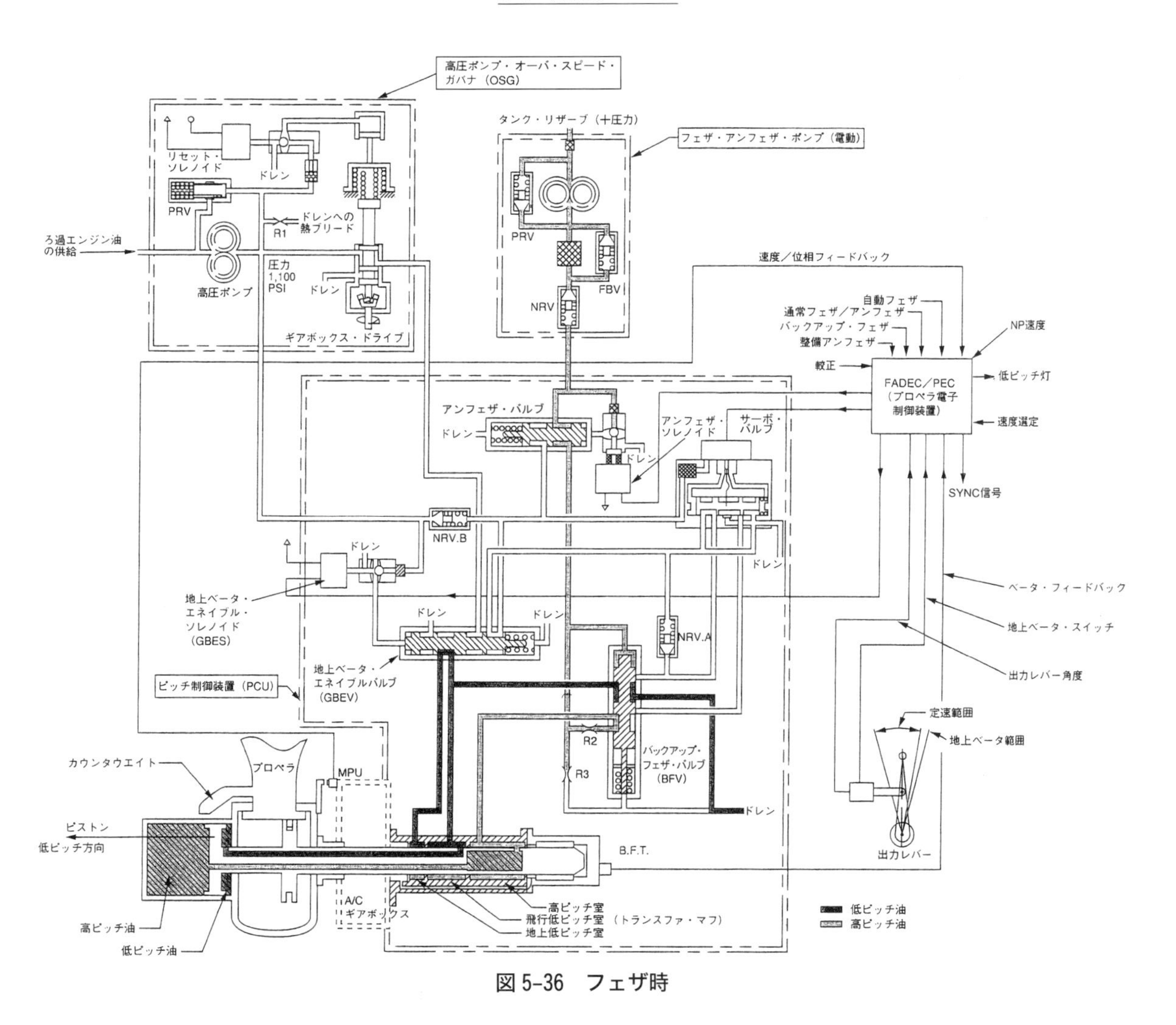

図 5-36　フェザ時

が揃う時、ソフトウエアによって閉になる；①出力レバーがフライト・アイドル以下、②ブレードピッチが 35°以下、③航空機の地上信号が存在すること。

いったん励磁されると、地上ベータ・エネイブル・ソレノイドは次のいずれかにならない限り、励磁状態を保つ。①ベータ・スイッチが 5 秒間開く〔つまり、FI（Flight Idle）以上の PLA（出力レバー角度)〕、②ブレードピッチが飛行低ピッチ・ストップより大きい。

ベータ・フィードバック・トランスデューサ（BFT）（**図 5-37**）は二重チャンネルの LVDT（Liner Variable Displacement Transducer）型トランスデューサで、ベータ管の端末の位置に応じた出力を出す。ブレードのピッチはこの信号を処理することにより決定される。この生み出された信号により、BFT データが分かっている限り、PEC はプロペラのブレード角度を決めることができる。

アンフェザ・バルブおよびソレノイド（**図 5-38**）は、プロペラが静止しており、航空機が地上にある時、整備上の目的でプロペラをアンフェザさせるための装置である。

高圧ポンプは固定容量の歯車型ポンプで、減速ギアボックス（RGB）の後面に取り付けられている。

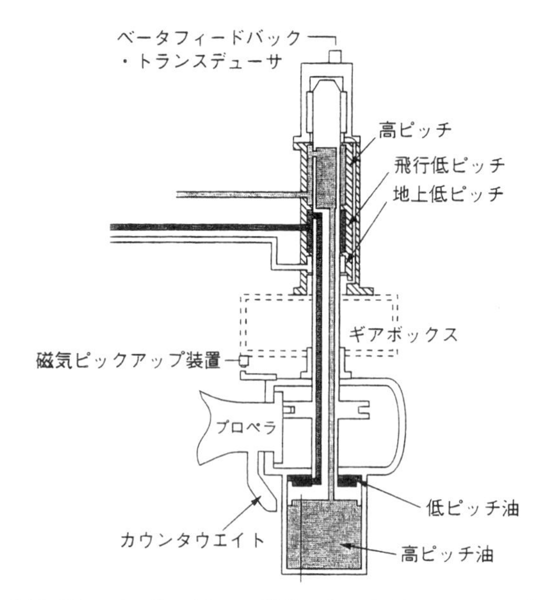

図 5-37　ベータ・フィードバック・トランスデューサ

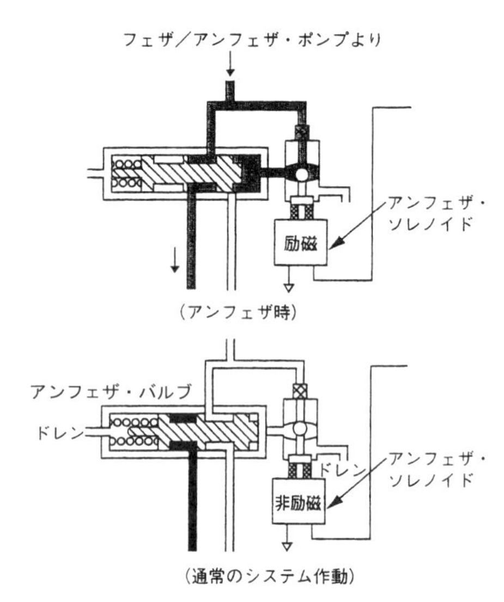

図 5-38　アンフェザ・バルブおよびソレノイド

このポンプはオーバ・スピード・ガバナ（OSG)、スカベンジ・ポンプの一部を成しており、RGB の潤滑スカベンジ・ポンプによって油が注入される。

高圧油はサーボ･バルブに達する前に**オーバ･スピード･ガバナ(OSG)**を通過する。OSG の中のスプールはスプリングの力と、一対のフライウエイトのトウ（Toe）の反対方向の力とによっていずれかの端に拘束される。フライウエイトはキャリアの中に保持されており、ギアボックスによってポンプと一緒に回転する。万一、サーボ・バルブが低ピッチ選定のところでスティックすると、PRPM（プロペラ毎分回転数）が約 104 % まで増加し､次いで OSG がプロペラ制御システムを高圧油から隔離し、サーボ・バルブへの油の供給をドレンに結ぶ。

次いで、PRPM が下がると、OSG が高圧油供給に再び結ばれ、104 % での安定した調速状態が急速に達成される。従って、PRPM センサまたはサーボ・バルブの故障にもかかわらず、安全な過速度調速が得られる。

フェザ･ポンプ･アセンブリは、電気モータ、歯車ポンプ、圧力リリーフ･バルブ、入口スクリーン、油フィルタ、フィルタ・バイパス・バルブおよびノン・リターン（チェック)・バルブで構成される。

フェザ・ポンプ・モータを励磁すると、ポンプは主油タンク内の専用リザーバから油を汲み出す。この圧力油は BFV（Backup Feather Valve）をフェザ位置にし、フェザ作動ができるようにする。

除氷タイマ／監視制御装置（TMCU）（図 5-40）（Timer/Monitor Control Unit）は､冷却フィンをもった鋳物ケースで構成されている。胴体内部の客室床の下に主翼と一直線に取り付けられている。

TMCU の機能は気温に応じてプロペラ・ブレード・ヒータへの交流電力の供給を制御することであり、これにより着氷の除去を効率的に行う。TMCU はデジタル電子コントローラ、健全性監視装置、および 3 相交流の 2 相を装置へ切り替える 2 個のソリッド･ステート･リレーで構成されている。

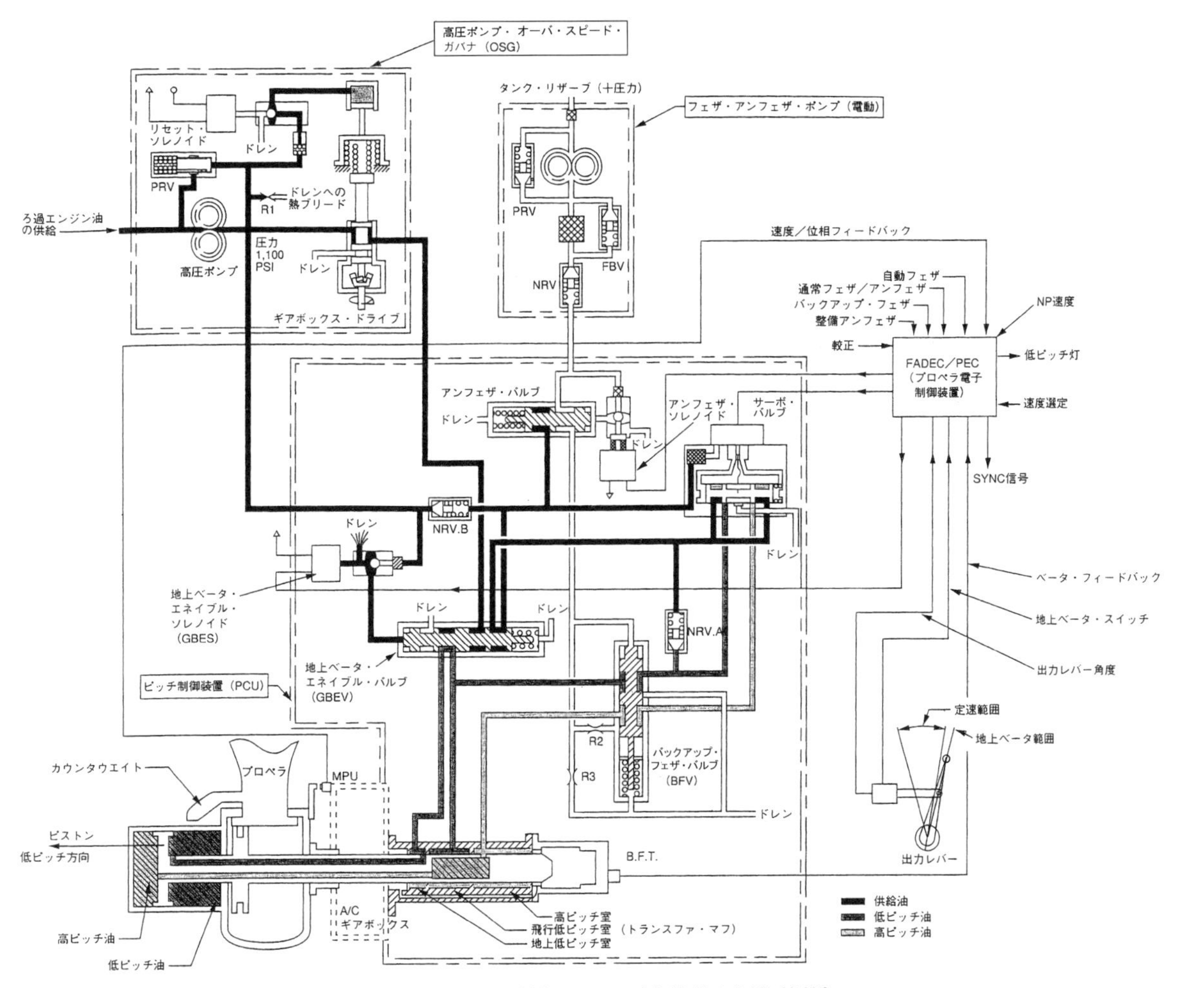

図 5-39 ベータ制御モード（定常地上制御状態）

除氷電力はブラシ・ブロックおよびスリップ・リングを経てプロペラへ送られる。

各航空機には各プロペラごとに 1 個、計 2 個のタイマが付いており、除氷システムに必要な電力を最少にするため、左右の動力装置の間で同調されている。

ブラシ・ブロック・ブラケット・アセンブリはブラケット、内蔵コネクタ付きのブラシ・ブロック、およびフライイング鉛(Flying Lead)およびコネクタ付きの磁気パルス装置(MPU)で構成されている。このアセンブリはエンジン減速ギアボックスの前面に取り付けられており、ブラシ・ブロックがプロペラの後面でスリップ・リングに接触し、MPU がスリップ・リングの外周にあるターゲットねじの通過を探知するようになっている。

各プロペラに 1 個の**プロペラ電子制御器 PEC**(Propeller Electronic Control)があり、前方エンジン・ナセルに取り付けらている。各装置には、アクティブとスタンバイの 2 つのレーン（Control Lane）があり、発動機の始動時または故障時に自動的に切り替わる。

アクティブの PEC レーンはプロペラを制御するため、次のような機能を有している。

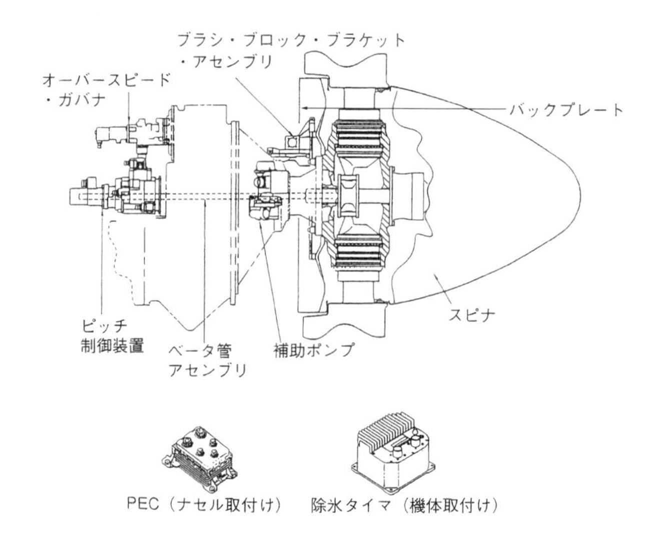

図 5-40　プロペラ・アセンブリ

ｉ）　モードの制御および機能選定の制御

ii）　サーボ・バルブの制御

iii）　地上ベータ・エネイブルおよびオーバ・スピード・ガバナのリセット・ソレノイドの制御

iv）　アンフェザ・ソレノイドのモニター

ｖ）　低ピッチの表示

vi）　故障の探知、制御、記録および表示

vii）　PEC にはアクティブ・ノイズ・コントロール装置からのシグナル・インプットがあり、ブレードの角度を調整して客室騒音を改善する。

ｃ．プロペラ・システムの作動

プロペラ制御システムの機能はブレード角を制御することであり、飛行中は、希望する回転数にセットすることができ、また、フェザやリバースにすることもできる。

システムは常に次のモードのいずれかで作動する：

ベータ制御、前方速度制御、リバース速度制御、同調制御

⑴　ベータ制御（図 5-39）

このモードでは、システムは閉ループブレード角制御（Closed Loop Blade Angle Control）で作動する。ブレードピッチの計測値は BFT（ベータ・フィードバック・トランスデューサ）からの出力信号により、出力レバーの位置（PLA：パワー・レバー・アングル）に対応したものとなるようにスケジュールされる（**図 5-41**）。その時 PEC は、サーボ・バルブにコマンドを出し、所望のブレード・アングルになるようにシリンダの低ピッチ側または高ピッチ側へ油圧を供給する。

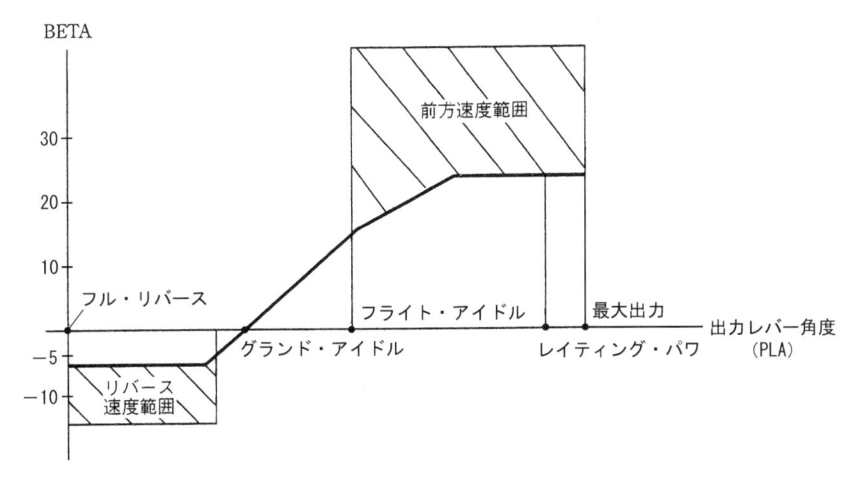

図 5-41　ベータ・スケジュール

⑵　**前方速度制御**

このモードでは、システムは閉ループ・プロペラ RPM 制御で作動する。プロペラ RPM は、スリップ・リングのターゲット（ねじ）から得られる磁気ピックアップ装置の信号から計算される。PEC は所望のプロペラ RPM を得るため、サーボ弁を介してブレード角を制御する。

コンディション・レバー（CLA）は、離陸時・連続最大出力時— 1,020rpm、上昇時— 900rpm、巡航時— 850rpm の３つの回転数を選択できる。

⑶　**同調制御**

このモードにおいては、システムは閉ループ・プロペラ RPM 制御およびプロペラ位相制御で作動する。同調は客室騒音を減らすためのもので、スレーブ（従）プロペラとマスター（主）プロペラとの間の相対位置または位相差が所要の角度に制御される。位相角度はプロペラの完全な一回転におけるマスタおよびスレーブ・プロペラの MPU 信号の差を計測して計算される。必要な位相は CLA 位置またはアクティブ・ノイズ・コントロール装置（ANCU：Active Noise Control Unit）からの出力のいずれかから決定される。

⑷　**リバース速度制御**

このモードにおいては、システムは閉ループ・プロペラ RPM 制御で作動し、プロペラ速度を 950 rpm に制御する。エンジンは出力スケジュール対 PLA に基づく燃料で作動し、最大限界は 1,000 SHP である。対気速度が低い時にはプロペラは最大リバース・ストップに到達することが可能であり、その時にはプロペラの回転速度はエンジン・オーバ・スピード・ガバナによって制御される。

d．システムの機能

⑴　**通常のフェザ／アンフェザ（図 5-36）**

フェザの命令を受け取ると、PEC（Propeller Electronic Control）が信号を発生し、サーボ・バルブを高ピッチ方向にする。このようにしてブレードはフェザ・ストップの方へ動く。

通常のフェザはコンディション・レバーを “START/FEATHER” または “FUEL OFF” のデテント

のいずれかへ動かすことによって選定される。

フェザ信号が除去されると、要求される rpm またはブレード角になるまで、PEC およびサーボ・バルブがブレードを低ピッチ方向に駆動する。

⑵　代替フェザ（Alternate Feather）

補助ポンプはいつでも使うことができるが、主フェザ機構が利用できない時のために装備されている。これらは、PEC がオフラインにある場合とか、高圧ポンプが故障の場合、またはサーボ・バルブが噛み込んでいる場合である。

代替フェザはコンディション・レバーを “START/FEATHER” または “FUEL OFF” に動かし、操縦室の代替フェザ・スイッチを押すことによって選定される。

補助ポンプが作動すると、発生圧力によってフェザ・バルブがフェザ位置に動く。そして、高圧油がピストンの高ピッチ側に向けられ、低ピッチ側はドレンする。

この操作は他のすべてのシステムの機能をオーバーライドする。

⑶　自動離陸推力制御システム ATTCS（Automatic Take-off Thrust Control System）

ATTCS は、離陸滑走の過酷な時点でエンジンが故障した時に、故障エンジンのプロペラを自動フェザさせ、残りのエンジンをアップトリムして、必要な出力を確保する。また、一方のプロペラが誤ってフェザに入った時も残りのエンジンのアップトリムをする。

ATTCS の機能としては次のような自動フェザとアップトリムの２つの機能がある。

☆　自動フェザ

自動フェザの機能は PEC のハードウエアの中に組み込まれており、両方の動力装置が同時に自動フェザしないよう、他方の PEC とのクロス・ウイング・コミュニケーション（Cross-Wing Communication）が入っている。システムが自動フェザする前には、２つのトルク信号が３秒間 25 % トルク以下であることが必要である。

自動フェザ機能は、最初に乗員が自動フェザ・セレクト・スイッチを押し、次に両方の PLA を定格デテントまで動かすことによってアームされる。両方の動力装置がいったんアームされると、エンジン表示器にアーム表示が現れる（**図 5-42**）。

この機能は、自動フェザ・セレクト・スイッチを元に戻すかまたは両方の PLA を定格デテント以下に動かすと、アームが解除（disarm）される。

自動フェザになると、PEC はサーボ・バルブによる高ピッチ信号を出し、一方、同時に補助ポンプ・リレーを励磁する。この時点で、エンジン表示器のアーム表示は消える。いったん自動フェザされると、システムは自動フェザ・セレクト・スイッチを元に戻すか、または両方の PLA を定格デテント以下にしない限り、解除できない。

ATTCS に故障が探知されると、システムは自動フェザ・アームの表示を止める。

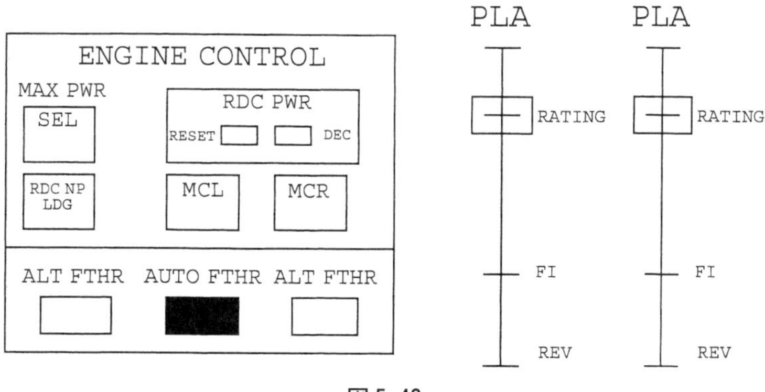

図 5-42

☆ **アップトリム**

アップトリムの機能は PEC のハードウエアの中に組み込まれており、このハードウエアは一方の（ローカル）PEC から他方の（遠隔）FADEC（Full Authority Digital Electronic Control）への相互監視機能（クロス・ウイング・コミュニケーション）をもっている。

アップトリムは両方の PLA を定格デテントへ動かすことによってアームされる。アップトリムはいずれか一方の PLA をデテント以下に動かせば解除できる。

いったんアームされた場合、エンジンの両方のトルク信号のいずれかが 25 % 以下に落ちるか、または両方のトルク・センサが 80 % 以下を示すと、アップトリムが起きる。アップトリムが起きると、PEC が NTO（Normal Take-off）から MTO（Max Take-off）出力スケジュールへ変更するよう FADEC に命令を出す。この機能が生きると、エンジン表示器にアップトリムの表示が現れる。センサーが故障すると、レンジ・チェック（Range Check）は最高の値を選定する。

⑷ 過回転の保護

飛行中の任意の時に過回転が起きると、OSG（Over Speed Governer）が働く。OSG は PCU（Pitch Control Unit）の供給ラインをドレンに結び、カウンタウエイトがブレードを高ピッチ方向に引っぱる。こうして、エンジン・トルクが吸収され、プロペラの回転速度が落ちる。

⑸ 自動低回転保護回路 AUPC（Automatic Underspeed Protection Circuit）

この機能は PEC 制御レーン・ソフトウエアとは独立したハードウェアの中に含まれている。この機能が入っている理由は、両方の動力装置の PEC 制御器内の共通のソフトウエアのエラーにより高ピッチ駆動信号が生じ、離陸時に推力が消失されるのを防ぐためである。両方のトルク MPU（磁気ピックアップ装置）で低速が探知されると、低ピッチ駆動信号が発生される。この機能は制御レーン・ソフトウエアの機能をオーバーライドするが、自動フェザ機能にはオーバーライドされる。

自動低回転保護回路 AUPC は、次の状態が 0.5 秒以上継続すると、アームされる；

PLAがフライト・アイドル以上にあり、コンディション・レバーが“START/FEATHER”以上にあり、更に、マニュアル・フェザまたは自動フェザが要求されていない。

AUPCは上記のいずれかのアームの条件が0.5秒以上除去されると、アームが解除される。

AUPCはもし速度低下が80％以上あり、かつエンジン・トルクの高い状態が1秒以上続くと、トリガー（Trigger）される。

AUPCはもしAUPCがアームされ、更にトリガーされると、低ピッチ駆動信号が発生され、速度が増加する。次いで、対気速度により、システムはOSGの速度まで達するかまたは飛行低ピッチ・ストップへ駆動される。

（以下、余白）

5-5　プロペラ型式の指定法（参考）

	ハブの型式	ブレードの型式
ビーチ・エアクラフト社	279－1 0 5 5：小変更 0：基本設計識別 279：基本型式	279－207－96－1 1：小変更 96：プロペラ径（in） 207：基本ブレード設計 279：基本ブレード型式
マッコーレイ社 固定ピッチ・プロペラ	1A90/CH 72 40 40：0.75Rにおけるピッチ(in) 72：プロペラ径（in） CH：ハブおよびブレード先端の形状 1A90：基本設計番号	
マッコーレイ社 定速プロペラ	(　) 2 A F 34 C 46－A A：小変更 46：中変更 C：Constant Speedを表す 34：当社のブレードシャンク・サイズ F：Feathering式を表す A：特別なフランジを表す 2：ブレード数 (　)：ダウエルの位置を表す	(S L) 76 C－O O：基本径から直径を切り取った長さ(in) C：ブレードの形状の特徴(たとえば，作動係数，平面形，ピッチの分布など) 76：基本設計の直径(in) L：左手ブレードを表す S：小変更
ハーツェル社	HC－8 3 X 20－2(　)(　) HC－C 2 Y F－1(　)(　) (　)(　)：小変更 2, 1： 1:ノン･フェザ方式，カウンタウェイト付き 2:フェザ方式 3.5.7:フェザ・リバース方式 4.6.8:ノン・フェザ，カウンタウエイトなし 20, F：軸への取り付けフランジの型式 X, Y：ブレードシャンク・サイズ 3, 2：ブレード数 8, C：基本設計 HC：Hartzell Controllableの略	LW 87 47 A－8 LC 76 66 D－3R R：丸先端を示す 8, 3：基本径から切り取った長さ（in） A, D： B:防水ブーツ D:原設計の寸法上の修正 H:硬合金 R:基本径に対する丸先端 S:基本径に対する四角先端 A:0°後退角 47, 66：基本型式 87, 76：基本径（in） W, C： W:ジャンクへのニードル･ベアリング装着を示す C:カウンタウエイト付きであることを示す L： F:ピッチ変更ノブが大きいことを示す J:左手トラクタ方式プロペラ L:左手プッシャ方式プロペラ (　):右手トラクタ方式プロペラ
ハミルトン スタンダード社	4 3 D 60－300 1 2 D 40－(　) 300, (　)：小変更 60, 40：SAE プロペラ軸サイズ D：ブレードシャンク・サイズ(H,S,D) 3, 2：ブレード数 4, 1：主要型式	A 6851 C－ 6 T A 6135 C　18 T：ブレード先端の形状 6, 18：基本径から直径を切り取った長さ(in) C：運用上の特徴(たとえば，特定の防氷アセンブリ) 6851, 6135：空力・構造上の特徴 A：シャンク整形部の設計番号
ダウティ・ロートル社	(C) R 245/4－40－4.5/ 13 13：小改造 4.5：エンジン軸サイズ，SBAC(No.45) 40：ブレードシャンクサイズ(No.40) 4：ブレード数 245：この番号が同じなら互換性あり R：Rotol(製造者名) (C)：Civil(民間用)	R A 25842 というような部品番号で表し，型式をもっていない。

5-6　プロペラ・ピッチ変更方法（参考）

製造者	プロペラ型式	低ピッチ方向 (1)	高ピッチ方向 (2)	フェザの力(3)	アンフェザの力 (4)	リバースの力(5)	アンリバースの力(6)	使用機種
ハーツェル社（米）	HC-12Xハイドロセレクティブ	エンジン滑油圧	カウンタウエイト（C.Wt）に働く遠心力	——	——	——	——	ライアン205型機
	HC-E2YR-1BF定速	(回転中のブレードに働く自然の遠心ねじりモーメント)＋(スプリング力)	(単動型)ガバナ油圧					ロックウェル・コマンダー 112型機
	HC-82X, -83X, -92Z, -93Z, HC-A2, HC-A3, HC-B3	ガバナ油圧（シリンダを前方へ動かす）	(C.Wtの遠心力)＋(スプリング力)	同左	(1) ＋(滑油アキュムレータ)*	——	——	2～300psi油圧, ビーチB95A, G50. セスナ180, ヘリオH-395, ピラタスPC-6, ビーチH18, 65-A80, MU-2B
マッコーレイ社（米）	3FF32C501定速フルフェザ	(単動型)ガバナ油圧	(C.Wtの遠心力)＋(スプリング力)	同左	(1) ＋(アキュムレータ圧)	——	——	セスナ404型機
	3AF32C87定速フルフェザ	同上	同上	同上	同上	——	——	セスナ401/402型機
	B2D34C53/74E-O定速プロペラ	(ブレードの遠心力)＋(スプリング力)	(単動型)ガバナ油圧(290psi)	——	——	——	——	富士重工FA-200-180型機
	2A36C23/84B-O定速プロペラ	同上	同上	——	——	——	——	ビーチ35/E33(ボナンザ)型機
ビーチ社（米）	278	遠心ねじりモーメント(CTM)	ガバナ油圧	——	——	——	——	450～500psi油圧, ビーチH-35, B45, LM-1
ハミルトン・スタンダード社（米） ハイドロマチック	23E50（単動ガバナ）	(CTM)＋(ピストン前側に働くエンジン滑油圧)	ピストン後側に働くガバナ油圧	フェザポンプによる補助高圧油圧	フェザポンプによる補助高圧油圧	——	——	DC-4, DC-3
	43E60, 34E60（複動ガバナ）	(CTM)＋(ピストン後側に働くガバナ油圧)	ピストン前側に働くガバナ油圧	補助ポンプによる高圧油圧	同左	補助ポンプ油圧＋ガバナ油圧	同左	CV-240, DC-6B, DC-7C
ダウティ・ロートル社（英）	(c)R209/4-40-4.5/2	(CTM)＋ピストン後側に働くガバナ油圧	ピストン前側に働くガバナ油圧	フェザポンプによる高圧油圧	同左	——	——	YS-11
	(c)R193/4-30-4/50							F-27
	(c)R179/4-20-4/33							V-828

備考 ①(1)に対しては常にブレードに働く空力モーメントが含まれるが，CTMの方が大きい。
②*エンジン始動による風車回転のみによる場合が多い。エンジン始動が困難な機種には滑油アキュムレータを用いる。

第６章　プロペラの付属品および指示系統

概　　要

初期のプロペラは比較的軽い負荷のため簡単な機構で付属品等は必要なかったが、今日のプロペラは回転を制御する機構や防氷系統を備えている。このため、無線雑音の発生する原因となり、無線雑音抑圧機（Radio Noise Suppressor）が必要となっている。

また、プロペラ・ハブ部の気流やエンジンに流入する空気流を滑らかにするなどの目的でスピナが取り付けられている。

プロペラの防除氷は、液体を被膜する方法、化合物を塗布する方法、電熱で加熱する方法などがあるが、現在は電熱式が一般的である。電熱式は過度に加熱しないようタイマーにより制御されている。プロペラの指示系統は、回転計やプロペラ・ピッチ指示灯などがある。

また、回転を同調させるための装置（Synchronizer）を装備し、快適性を向上させている。

6-1　無線雑音抑圧器（Radio Noise Suppressor）

6-1-1　雑音発生源

プロペラ系統の無線雑音発生源としては、①ピッチ変更モータ、②ピッチ変更ソレノイド、③スリップ・リング、④ガバナ、⑤同調装置、⑥除氷タイマー、⑦除氷系統リレー、⑧同期発電機、などが考えられる。

そのほかに、プロペラ補機と無線その他の電子機器とに共通の電源配線を用いた場合、あるいはプロペラ配線とアンテナの引込線との間に相互誘導がある場合などにも無線雑音を生じる。

6-1-2　無線雑音防止法

ａ．非電気方式

プロペラの設計が完了してからでは無線雑音防止器を追加するのは難しいので、プロペラの設計段階において、電気式でない装備品や作動方式を用いるようにすることが考えられる。また、急激な電流変化を生じるような電気回路はできるだけエンジン・ナセル内に配置し、機体内では用いない。いずれにしても、無線装置の近くに配置しないよう配慮する必要がある。

b．フィルタ方式

プロペラ補機と無線装置とに対し同一電源を用いる場合には、有効なフィルタを電源回路に入れなければならない。フィルタとしては、①コンデンサ、②誘導子（チョーク・コイル）、③乾式整流器・ゲルマニウム整流器、非直線抵抗器、気中放電管、真空管、R-C 回路などの過度状態抑圧器が用いられている。

コンデンサは雑音防止器として一般に広く使われているもので、特に直流モータおよびジェネレータの雑音防止に有効である。また、スリップ・リング面などにおける火花の発生を抑え、ブラシなどの摩滅を防ぐためにも用いられる。

c．シールド方式

電気雑音を発生するおそれのあるプロペラ装備品を無線機器の近くに配置しなければならない場合には、その装備品をシールド容器の中に入れ、また、すべての電気配線を適正にシールド（しゃへい）する。シールド容器としては、開口部をもたない絶縁金属箱が好ましく、その壁厚は薄くてもよい。

6-2　スピナ（Spinner）

6-2-1　目　　的

スピナは、プロペラ・ブレードの付根およびハブをおおう流線型のカバーで、第1の目的は、複雑な形をしたハブ部分の空気の流れを滑らかにして、エンジン・ナセルに多量の空気を流入させ、エンジンの効率および冷却効果を向上させると同時に、ハブ部分の抵抗を減らすという空力的な役目もある。第2の目的は、プロペラの心臓部であるピッチ変更機構を砂ぼこりから保護することである。低速機のプロペラに用いられるスピナの目的は、主として第2であることから、ほこり避けスピナ（Dustproofing Spinner）とも呼ばれる。

6-2-2　構　　造

一般にスピナには、**図6-1**に示すように、NACA のD型およびE型の2種類がある。D型スピナは小型・軽量であり、ほとんどの機種がこの型のスピナを採用している。ラム効果は 0.9 くらいで、カフスと併用するのが望ましい。

E型スピナはダクト付きのもので、ラム効果が 0.95 ～ 0.98 くらいと大きく、ラム効果の大きいことが要求される場合に使われる。構造は複雑で、大きく、重くなるが、この型を用いれば、エンジンの空気取入口を前方にもっていくことができ、乱れのない空気をエンジンに供給できるといった利点がある。ただし、現在実用されているE型スピナはない。

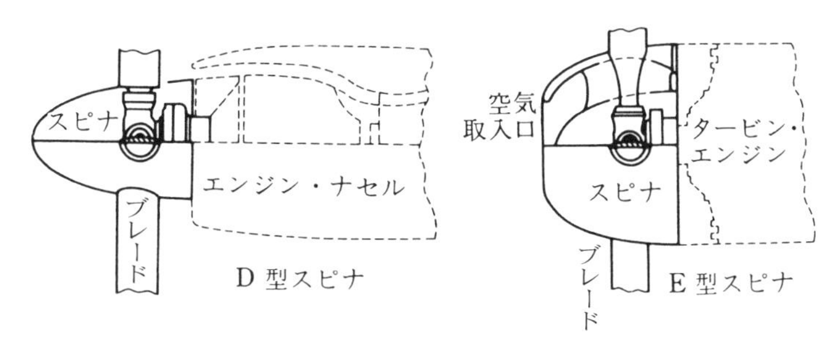

図 6-1 D 型および E 型スピナ

スピナは、鋼、アルミまたはマグネシウム合金製で、リベットまたはファスナを用いてプロペラに取り付けられる。大型スピナでは内面に防氷用の発熱体が取り付けられるものがある。

6-3 カ フ ス（Cuffs）

6-3-1 目 的

プロペラのブレードのシャンク部は、強度上の要件から、通常、円形断面をしている。この部分を、翼型をした軽い整形材で覆えば、エンジン・ナセルへの冷却空気および燃焼空気の流入効果を向上することができる。この種の整形材をプロペラ・カフスという。

6-3-2 構 造

カフスの代表例を、図 6-2 に示す。カフスは、金属、木またはプラスチック製で、カゼイン・ラテックス・セメントやリベットによってブレードに取り付けられる。

カフスに働く力は比較的小さく、普通の材料で十分耐えることができるが、取り付け部に応力集中を起こすことが多く、また、機体、エンジン、プロペラからの強制振動によって破損することがある。

図 6-2 カフス（ロッキード C-130）

6-4　プロペラの防除氷

6-4-1　一　　般

1937年ごろまでの飛行機は全天候機ではなく、着氷・霧・乱気流など飛行の安全をおびやかす気象条件をできるだけ避けて飛行した。着氷気象に遭遇し、プロペラに着氷を生じた場合には、プロペラの回転速度を上げ、遠心力で氷を飛散させるのが普通であった。しかし、全天候機の要求が高まるにつれて、プロペラの防除氷系統が開発された。

プロペラに着氷を生じるのは、0℃以下の温度で液状のまま存在する水分の微小粒が0℃以下のプロペラ面に突き当たり、凍結するからである。この場合、プロペラ表面の温度が低いと、瞬間的に凍結し、比較的粗い不透明な氷となり、これを**ライム・アイス**（Rime Ice）という。0℃以下ではあるが、0℃に近い表面に当たると、水滴の運動エネルギによって若干の衝突熱が生じ、凍結がおくれ、後方の面まで流れてから、比較的きれいに滑らかな着氷を生じる。これを**グレイズ・アイス**（Glaze Ice）という。また、両者が混じったものを**グライム・アイス**（Glime Ice）という。

プロペラのブレードに氷が付着すると、ブレードの翼型が変化して効率が低下するばかりではなく、プロペラに不釣り合いが生じ、振動を発生する。

また、プロペラ面に付着した氷のかたまりがプロペラの遠心力によって飛ばされ、胴体や尾翼などに当たり危険である。

従って着氷気象状態では、着氷する前にプロペラの防除氷系統を作動させることで、防氷（アンチ・アイス）しながら飛行している。

着氷気象状態とは、耐空性審査要領によると、耐空類別飛行機輸送Tでは連続最大着氷気象状態として、大気温度・気圧高度の関係では0℃～－30℃・0ft～22,000ftの包囲線で示されており、雲粒（水滴）の大きさ（直径）や空気中の含有量などが規定されている。回転翼航空機TA・TBについても同様である。

航空機は運用限界の範囲内において着氷気象状態での安全性が確認されており、プロペラの防除氷系統については、約＋5℃～－25℃で視認できる湿気・水蒸気（moisture）が確認されたとき作動させている。

プロペラの防除氷系統には次のような種類があり、主翼に使われているラバー・ブーツのような機械方式は採用されていない。

化学方式
- 液体式
- 化合物塗布式

熱方式 ｛電熱式／加熱空気（または加熱ガス）式｝

6-4-2　液体式防氷系統

氷点の低い防氷液をプロペラ表面に流して液体の膜を作り、着氷を防ぐ方式で、一例を**図6-3**に示す。防氷液は歯車ポンプによってタンクから各エンジンの前蓋部上のノズルを通り、プロペラの後部に取り付けられたU字形のスリンガ・リング（Slinger Ring）へ送られる。リングに入った防氷液は遠心力によって、リングの円周から半径方向に出ている管に入り各プロペラの前縁に吹き出し、さらに、前縁に張りつけられたフィード・シューの溝に沿ってブレード先端へ流れる。

フィード・シューはゴム製で、防氷液が、ブレードのシャンクのまわりの気流によって、着氷しない範囲へ流れるのを防ぐためのものであり、シャンク部から40～75％半径くらいまでの前縁に張りつけられる。小型機では、これを備えていないものもある。シューの表面には数本の平行な溝が半径方向についており、これに沿って防氷液が流れる。

この系統は液体の分布が正しくないと防氷能力が落ち、高速機用としては液体損失が多くて適さない。また、遠心力が小さい関係で、大径の低速回転のプロペラにも適さない。防氷液としては一般的にイソプロピル・アルコールが使われる。

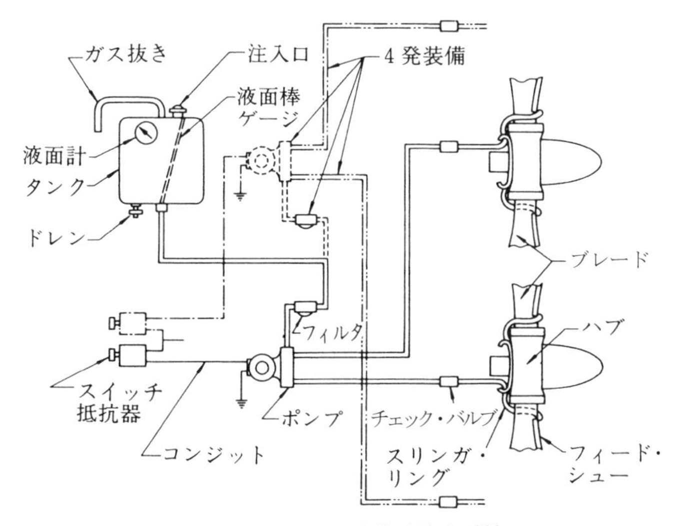

図6-3　プロペラ液体式防氷系統

6-4-3　化合物塗布式防氷系統

氷が付着しにくく、同時に、水に溶解したとき混合物の氷点が下がるような防氷化合物やワニスをブレードの表面に塗布する方式で、これによって氷が遠心力で飛散しやすくなる。化合物としては、コンパウンドNo.314等が使われる。塗布すべき範囲は、0～75％半径および0～20％弦のブレード前縁である。

この方式の防氷能力は液体式よりは優れているのが普通であるが、雨に4時間くらいさらされたり、着氷に1時間くらいさらされると、防氷能力がなくなる。

6-4-4　電熱式防氷系統

a．一　　般

電熱式防氷系統は、図6-4に示すように、電源、抵抗式発熱体（Heating Element）および系統の制御装置ならびに必要な配線で構成される。発熱体は、金属抵抗線または伝導性ゴムによって電気エネルギを熱エネルギに変換するもので、ブレードの内部または外部に取り付けられる。飛行機の電源系統（発電機または同期発電機）から供給される防氷用の電流はスリップ・リング（Slip Ring）およびブラシを介して、非回転体のエンジンから回転体のプロペラへと伝えられる。

電源としては、ハブ上に取り付けられたプロペラによって駆動されるハブ発電機が使われることもあるが、一般的にはエンジン駆動の発電機である。

電熱式防氷系統では、各ブレードの着氷の除去を均一にするため、各ブレードの発熱体へ流れる電流量を等しくする必要があり、図6-4のような直列結線を用いるのが実際的であり、その例も多い。しかし、系統の信頼性向上に伴い、並列回路も用いられているものもある。初期の並列回路系統には保護リレーが取り付けられ、発熱体が断線して電流が大変動しても不均一な防氷を生じないようにしてあった。しかし、リレー自体の信頼性がないため、回路電流を指示する電流計が取り付けられるように変わってきている。

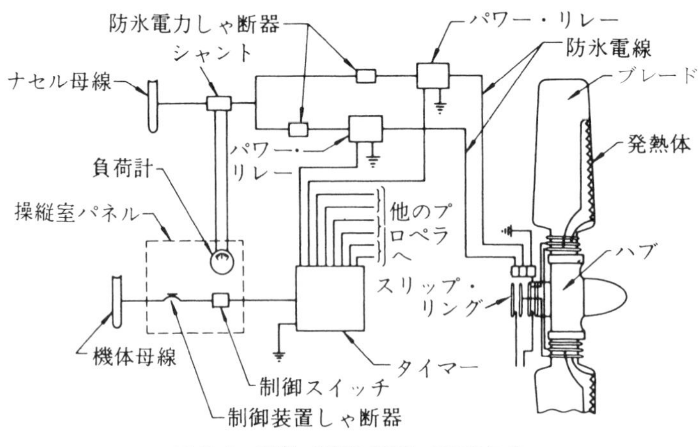

図6-4　電熱式防氷系統—直列方式

b．スリップ・リング

スリップ・リングの型は、利用できる空間によって決まるのが普通であり、ハブの後部に取り付けられる場合には面型を用いることが多い。面型のスリップ・リングでは、リングはプロペラの円板と平行な面で回転し、エンジン軸と平行にエンジン側に固定されたブラシと接触する。また、この逆の配置も考えられる。

もう一つの型は、エンジン首部に半径方向の固定ブラシを配置し、軸方向に配列した一連のスリップ・リングをハブ後端に取り付けるものである。この型はブラシの面圧が一様になりにくく、場所をとるのであまり用いられない。

ブラシとしてはカーボンまたはこれに銅あるいは銀を入れたものが使われ、ブラシ面の電流密度は 200 ～ 400 A/in^2 が普通である。電流密度が小さければ、ブラシの摩耗が減り、周速を大きくとることができる。

プロペラのハブとブレードの間にはピッチ変更による相対運動があるので、ハブからブレードへ電流を伝えるためには、たわみ線またはピグテールが使われる。ピッチ変更角が大きい場合にはスリップ・リングを使う。

c．発熱体

発熱体は、ゴムのサンドイッチの中に抵抗体をはさみ、熱と圧力を加え、接合剤で接着した構造である。温度上昇は 200°F 以下に抑えなければならない。

発熱体の厚さは、性能上できるだけ薄い方がよく、0.09 in 以下が望ましい。

発熱体をブレードに接着する場合には、まずブレードの前縁表面に地肌塗りをし、その後、ブレードおよび発熱体の両方に接着剤を塗って接着する。ブレードから発熱体を除去するには、175°F の温度まで加熱し、接着剤を軟らかくしてから手ではがす。いったんはがした発熱体は、ゴムや電線が損傷を受けている恐れがあるので再使用してはならない。

d．断続式加熱

電熱式防氷系統は、発熱体へ間欠的に電流を送って、過度に着氷しないうちに氷を除去するように設計される。加熱時間の間隔を適切に設定し、ブレード面に接している氷の面だけが溶けるように熱を加えれば、氷が溶けてブレードの後方に行って再び凍りつくということがなく、遠心力でうまく氷を除去することができる。間欠的に加熱するため、系統にはサイクリング・タイマー（Cycling Timer）が用いられ、たとえば 2 分周期のうちの 15 ～ 30 秒間だけ発熱体に電流を送るようになっている。タイマーの最も簡単なものは、**図 6-5** に示すようなモータ駆動の接触器を用いたものである。

この図はハミルトン・スタンダードの電熱式防氷系統の例で、操縦席にあるトグル・スイッチには「SLOW」、「FAST」および「OFF」の位置がある。「SLOW」を選べば、60 秒間電流が流れ、180 秒間休止する。着氷がひどくて、「FAST」を用いれば、20 秒間電流が流れ、60 秒間休止する。2 速直流モータと同軸上に 4 個のカムがあり、これがつながればリレーが働いて、バッテリまたは機体母線から電流が流れ、プロペラが熱せられる。

e．制御装置

電熱式防氷系統の制御系統は、ON-OFF スイッチ、回路電流を示す電流計または負荷計（ロード・メー

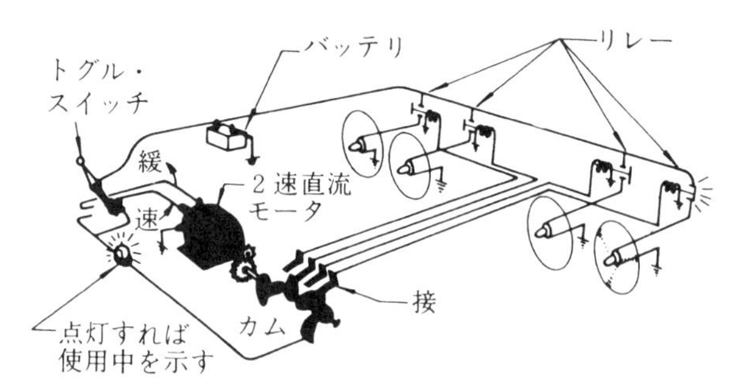

図 6-5　ハミルトン・スタンダード電熱式防除氷系統の一例

タ）および電流制限器、しゃ断器などの保護器で構成される。

f．防氷能力

回路の構成部品または接点の抵抗が少しでも増すと、防氷能力が著しく低下する。110 ～ 200 ボルトの AC または DC のような高電圧を使えば防水能力は増す。

6-4-5　加熱空気式防氷系統

エンジンの排気熱交換器、燃料燃焼加熱器、ガスタービン・エンジンのコンプレッサなどからの加熱空気または排気を中空ブレードの内部に送り込み、付着した氷を溶かす方式である。代表例を**図 6-6** に示す。

15,000 ～ 20,000 ft の高度で、プロペラのラセン先端速度が 700 ft/sec の場合、加熱空気の必要温度は約 400°F とされている。

この方式は、むくブレードには採用できないし、これを用いるとプロペラの構造が複雑となり、かなりの性能低下を生じるという欠点がある。しかし、防氷用としての特別のエネルギ源を必要としない利点がある。

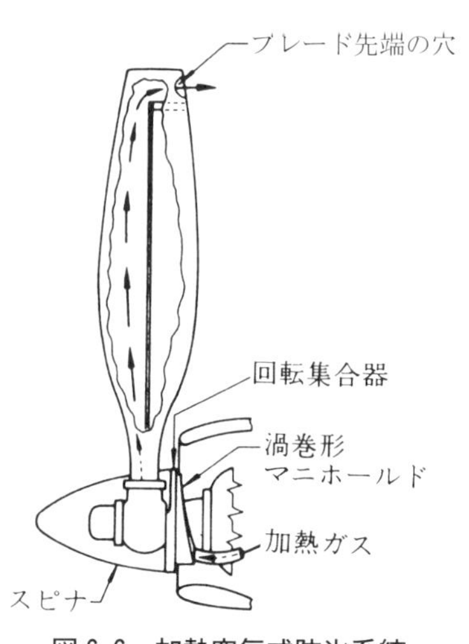

図 6-6　加熱空気式防氷系統

6-5　プロペラ同調系統（Propeller Synchrophasing System）

6-5-1　プロペラ同調系統（Propeller Synchrophasing System）（図 6-7 参照）

多発の発動機を装備するプロペラ飛行機は、飛行中、プロペラに起因する騒音の低減を図る目的で、プロペラ相互間の回転数・位相差を一定の範囲に収まるようコントロールし、客室における快適性の向上を図っている。

ビーチクラフト式 B300 型の同調系統においては、プロペラ・タコメータ・ジェネレータから得られる回転信号により指示されるシンクロ・スコープを観察し、シンクロ・スコープの回転が停止するよう No1 または No2 プロペラの回転数を手動で調整し、その後、シンクロ・スイッチを ON とする。それ以降は、両方のプロペラ回転数が± 30rpm 以内で同期するようコントロールされる。

また、DHC8-400 のプロペラ同調系統においては、プロペラの回転数を制御する PEC（Propeller Electric Control Unit）がプロペラ同調についてもコントロールしている。プロペラ回転数を設定する Condition Lever を、ある特定の位置に Set した場合、プロペラ rpm が No1、No2 共に 1rpm 以内になったとき FWD Constant Speed Mode（定速モード）から Synchrophase Mode（同調モード）となる。

Synchrophase Mode の作動は、左右のプロペラに取り付けられた Magnetic Pickup からの回転信号を PEC が計算し、No 1 プロペラを Master、No 2 プロペラを Slave とし、Slave 側のプロペラの位相角を騒音が下がる位置まで調整する。

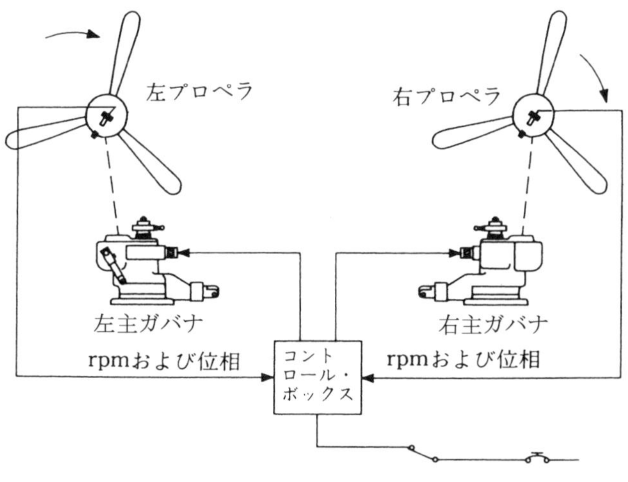

図 6-7　プロペラ同調系統

6-6　プロペラ指示系統

6-6-1　デハビランド Dash 8 シリーズ 300（DHC8-300）型機のプロペラ指示系統

a．プロペラ RPM 指示計（図 6-8 参照）

この機種では、プロペラごとに RPM 指示計を備えている。系統は回転速度（N_P）センサーとその指示計、両者を結ぶ電気配線で構成されている。センサーはギアボックス上に取り付けられており、磁気ピックアップ方式で回転速度の信号を供給する。

RPM 指示計は操縦室のエンジン計器パネルに取り付けられている。レンジ・マークは黄色アークが 500～780rpm、緑色アークが 780～1,200rpm、赤色線が 1,200rpm で、デジタル表示でも読めるようになっている。指示計にはプレス・ツー・テストのプッシュ・ボタンが付いており、指針が正しく動くか確認できる。このボタンを押すと、指針が 1,050rpm の青色点に重なり、デジタル表示も同じ rpm を示す。

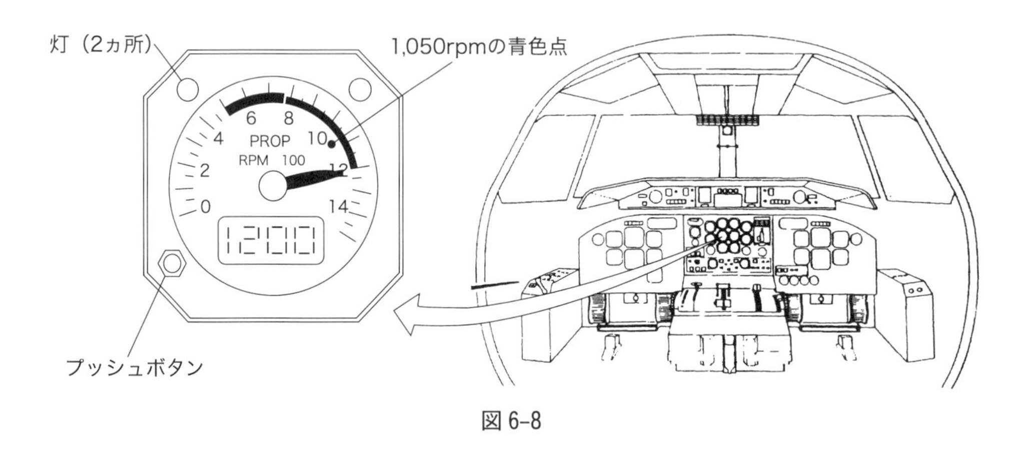

図 6-8

b．プロペラ地上範囲指示灯（図 6-9 参照）

プロペラが低ピッチ範囲で作動していることを乗員に知らせる指示灯がグレアシールド・パネル上に配置されている。

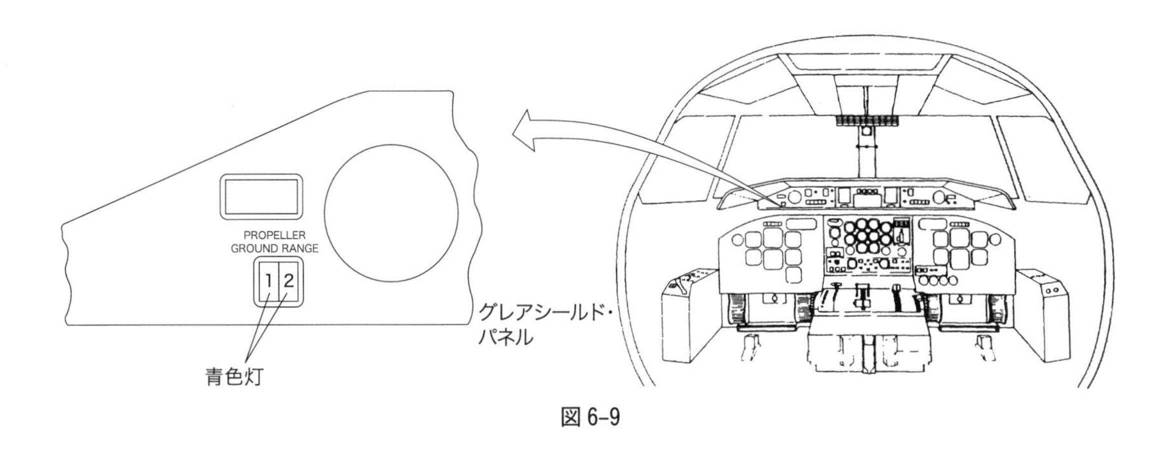

図 6-9

6-6-2　ビーチ King Air 90 シリーズ型機のプロペラ指示系統

a．プロペラ RPM 指示計（図 6-10 参照）

プロペラ rpm（N_2）の信号はプロペラ・タコメータ・ジェネレータによって発生される。指示計は 0～2,500rpm の範囲を持ち、緑色アークは 1,800～2,200rpm、赤色線は 2,200rpm である。5 秒間以内に制限される最大過回転限界は 2,420rpm である。2,200rpm 以上の過回転が持続する場合はガバナの故障を示す。

（注：ガス・ジェネレータの rpm（N_1）は許容 rpm の % で表示され、0～110% の範囲を持ち、赤色線は 101.5% である）

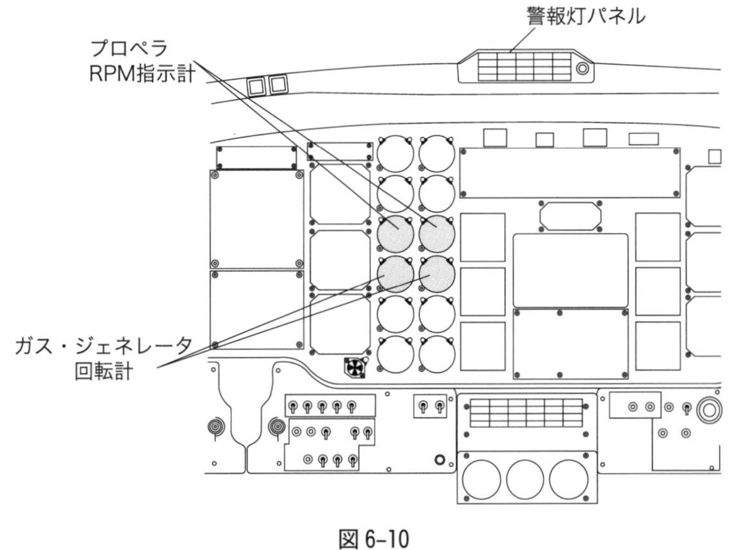

図 6-10

第7章　プロペラの整備

概　　要

プロペラの整備は、日常点検、定時点検および異常な運航などによる特別点検（検査）があり、プロペラ系統の構成品についても最大回転数の調整など、発動機の交換などに合わせて整備作業が発生する。

また、運航中、アルミ合金製のブレードに発生する損傷については、マニュアルに従って、修理限界を遵守し、定められた手順により修理をしなければならない。この場合、修理後のStatic Balance（静つり合い）にも留意しなければならない。

日常点検ではブレードの先端や前縁部に擦り傷（エロージョン）が発生することがある。その場合も定められた修理方法に従って修理をしなければならない。

プロペラは告示で限界使用時間が定められ、定期的にオーバーホールまたは廃棄しなければならない。オーバーホールではプロペラ・ブレードその他構成品は材質に適した非破壊検査が行われ、また、プロペラ・ブレード角の検査やStatic Balance（静つり合い）の検査、アライメントの検査なども行われる。

電熱式防除氷系統においては、異物やバード・ストライクによるヒーター・マットの損傷または系統の絶縁不良により防氷系統が不作動になる場合があるため、点検には注意が必要である。

7-1　プロペラの検査（FAA AC 43.13-1 A & 2 A 参照）

7-1-1　定期点検

プロペラの定期点検は、一般に、日常点検、25時間点検、50時間点検および100時間点検で構成され、この程度の検査頻度が適当と考えられている。これらの時間点検はラインで行われる。典型的な点検内容を示すと次のとおりである。

a．滑油またはグリースが過度に付着していないか、ブレード、スピナその他の外部表面を点検する。

b．初期の疲労の兆候がないか、ブレードおよびハブの溶接部およびろう付け部を点検する。

c．擦り傷、かき傷その他の損傷がないか、ブレード、スピナ、ハブその他外観検査可能な構成部品を注意深く（必要に応じ拡大鏡を用いて）調べる。傷の疑いがある場合には、染料浸透検査法等によって探傷する。
d．スピナやドーム・シェルの取付ねじの締付け度を点検する。
e．毎飛行前に、プロペラの運転機能検査を行い、ピッチ変更の1サイクルを行う。
f．上述の点検で異常が検出された場合には、完全な分解検査を行う。
g．滑油の水準を点検する。

7-1-2　特別検査

上述の定期点検のほかに、過回転した場合やプロペラが異物に衝突した場合などには、次のような特別検査を行う。
a．プロペラの取付状態を検査する。
b．プロペラに傷がある場合はマニュアルに従って修理をし、修理限界の範囲内であるか検査する。
c．なんらかの理由でプロペラ軸から取り外した場合には、ハブ・コーンの座、コーンその他の接触部品を調べ、異常な摩耗・擦り傷・腐食などを発見するように努める。
d．すべての制御装置を調べ、不具合がないか機能試験を行う。
e．ピッチ変更機構を検査し、機能を確認する。
f．鋼製のプロペラ部品は磁気検査で、また、アルミ合金部品は陽極処理その他の承認された方法で検査する。
g．すべての電気回路について導通検査を行う。

7-2　プロペラの保守

プロペラの保守には、消耗品の交換はもちろん、清掃、調整、試験および給油が含まれる。

7-2-1 プロペラ表面の清掃

カセイソーダは、エッチングを行う場合のほか、プロペラ部品に使用してはならない。ペイント、エナメルまたはワニスの除去は、承認されたラッカ、ペイント・シンナおよび溶剤を用いて行う。塩水のかかった飛行から戻ったら、直ちにプロペラを清水で洗い、乾燥後きれいな滑油を薄く塗布する。

鋼製のハブは、柔らかなブラシまたは布を用い、石けんおよび清水、無鉛ガソリンまたは灯油で清掃する。この種の部品には、研磨材や工具を用いたり、あるいは酸またはカセイソーダ類を用いてはならない。

アルミ合金製のブレードについても同様である。清掃し終わったら、清掃剤を完全に除去した後、乾燥させ、滑油を薄く塗布しておく。

7-2-2　消耗品の交換

プロペラの検査を適正に行えば、どの消耗品を交換すべきか分かる。たとえば、滑油が漏れていれば、ガスケットやシールの交換が必要だということになる。

防氷系統の構成部品が損傷、摩耗または緩んでいる場合には、飛行前に修理または交換する。

7-3　プロペラの修理

各プロペラの許容修理限界は、マニュアルに規定されている。この範囲内の修理で直すことができない場合は、これを廃棄しなければならない。ある部品を修理する場合には、まず該当の指示書やマニアルを見直し、どのような特別方法が要求されているか確認することが大切である。

7-3-1　アルミ合金製ブレードの修理

ブレードの表面に生じた傷は、応力集中を避けるため、紙やすり・仕上げやすりなどを用いて、**図 7-1**、**図 7-2** に示すように滑らかに丸くしなければならない。一般に削り取ることの許される量は**図 7-3** に示す % 以内であるが、この量は製造者が個別に定めていることが多い。

削り取り作業中には定期的に局部エッチング検査を行い、傷が除去されたかどうかを確かめ、削り過ぎないように気を付ける。

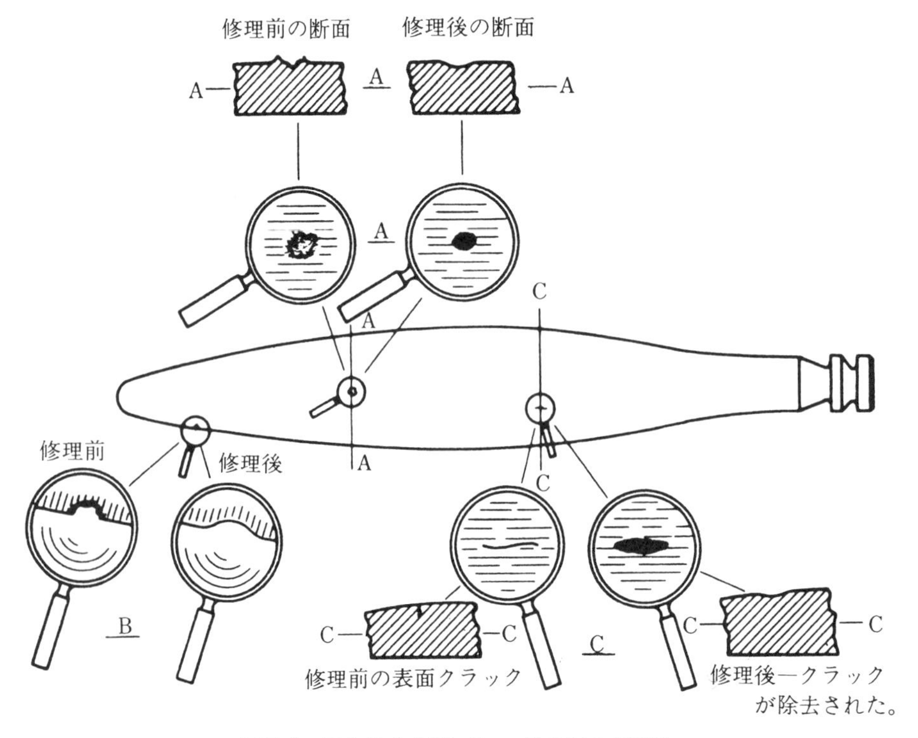

図 7-1　アルミ合金製ブレードの傷の修理法

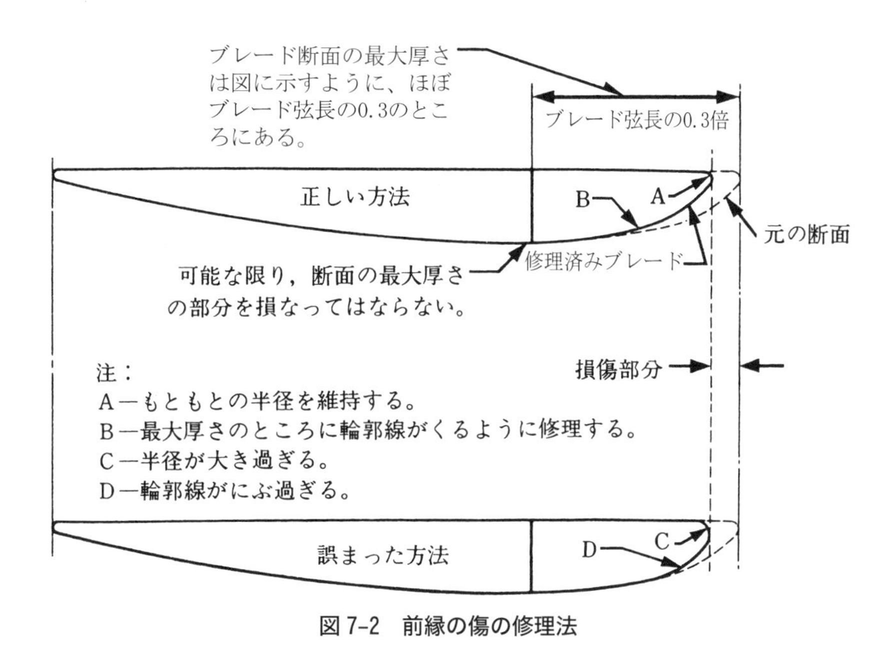

図 7-2　前縁の傷の修理法

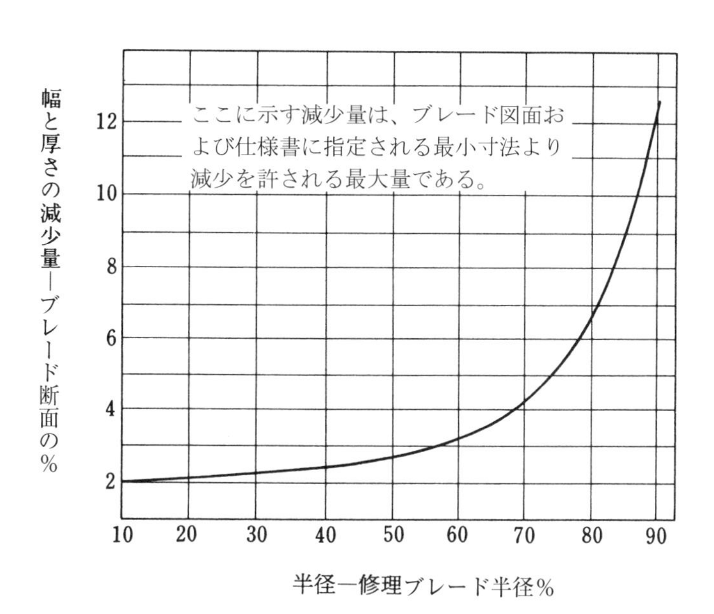

図 7-3　アルミ合金製ブレードの幅と厚さの修理限界

ブレード先端の傷を除去する場合には、**図 7-4** に示すように修理して、径を短くすることが許されている場合が多い。この場合には、他のブレードも同様に短縮し、また平面形およびブレード厚さを等しくする必要がある。

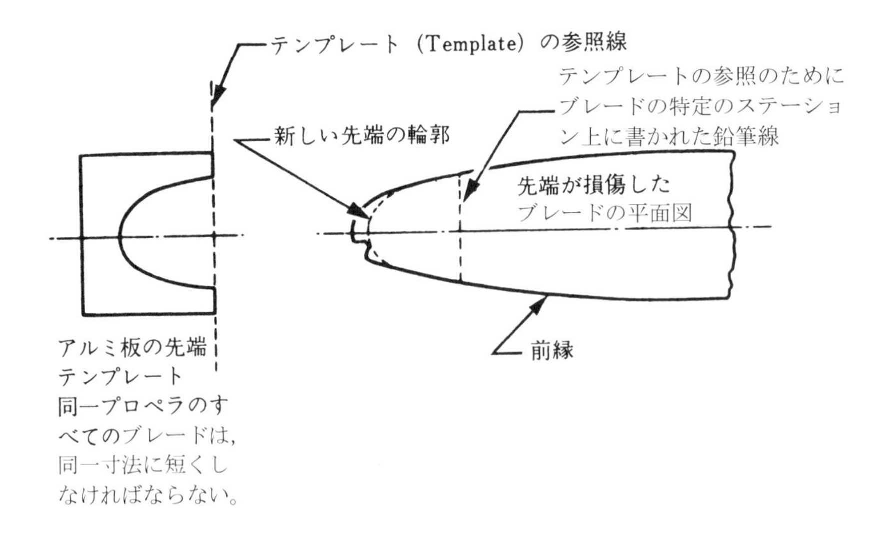

図7-4　アルミ合金製ブレードの先端修理法

7-3-2　鋼製ブレードの修理

鋼製のブレードについては、表面の傷およびその修理が疲労寿命に重大な影響を及ぼすので、すべての修理は製造者の指示に従って行わなければならない。修理方法は7-3-1項とほぼ同様である。

7-3-3　青銅製部品の修理

一般に、青銅部品は高い応力を受ける部分には使われないから、切傷などは完全には除去しなくてもよい。まくれまたは表面の荒れは、布やすりまたは紙やすりを用いて除去する。

7-3-4　メッキ部品の修理

母材が露出するほど損傷を受けたメッキは、メッキを完全にはがした後に再メッキしなければならない。

7-3-5　合成ゴム部品の修理

オーバホール時にすべてのガスケットおよびシール類を交換するのが一般的である。防氷ブーツは、電線が露出するかまたは傷付くほどひどく損傷を受けていれば修理してはならず、防氷ブーツを交換（張り替え）する。ゴム・ブーツがはがれた場合には、小部分のみであれば、ブレードへ再接着することができる。

7-3-6　フェノール製部品の修理

やすりで擦り落とすことができる程度の小さな刻み傷のほかは、摩耗または損傷を受けたフェノール製部品は廃棄しなければならない。

7-3-7　型込め製フェアリングの修理

型込めで製作されたブレード・フェアリング（Fairing）が損傷を受けた場合には、パッチ当て用のコンパウンドを用いて修理することができる。一般に、3 in^2 以上の損傷がある場合は、修理不可能である。

7-4　プロペラの故障例

ここでは、使用中に生じるプロペラのトラブルの典型的な例について述べる。

7-4-1　ラフネス（Roughness）

プロペラのラフネスとは、プロペラやエンジンの不つりあいによる振動現象に関係するもので、エンジン加速などの地上運転中に起こる機体構造・操縦系統・計器などの振動から容易に見出される。これはいろいろな原因から生じ、エンジンの運転方法が正しくない場合やエンジンの取り付けが不適当な場合にも起こる。

7-4-2　プロペラ回転速度の不安定

a．離陸時の低速回転

離陸時には最大出力を利用できなければならないため、この状態が起こると大変危険である。この種の故障の場合には、特に制御系統の動きに干渉するものがないか検査することが大切である。

b．離陸時の過回転

非常に危険であり、長時間にわたり、しかも振動を伴えば全動力装置が飛散することさえある。原因としては、ピッチ角が低過ぎる場合およびプロペラ・ガバナの調整不良または故障など、いろいろな理由でエンジンが過回転した場合とがある。

c．飛行中の速度制御の不安定および同調不良

速度制御の不安定は飛行中任意のときに起こり得るもので、ラフネスを招き、続いて最も弱い部分に過度の応力がかかる。この種のトラブルはブレード角の制御が不適当な場合に多く見られる。

同調不良の場合には、個々のプロペラ円板の空気流の間で干渉を起こし、不つりあいを生じ、ラフネスとなって現れる。

7-4-3　コーンのむしれ傷

コーンを長時間使用すると、かみ合い面（ハブ、コーンおよび軸）に暗黒色の変色または汚れが現れることがある。しかし、母材にむしれがない限り、さらに実用に供して差し支えない。後側コーンおよびハブにむしれ傷がある場合にはラフネスを促し、構造破壊を起こすおそれがある。

7-4-4　油およびグリースの漏れ

プロペラの作動油またはハブの滑油が過度に漏れることは、重大事故の原因となり得る。すなわち、油が不足すると正常操作はもちろんのこと、非常操作も妨げられることがある。

マッコーレイ・プロペラでは、シールやOリングの不具合が発見しやすいように、内部に赤色の油を封入しているものもある。

7-4-5　フェザ不能

エンジン故障から生じる非常状態下でプロペラをフルフェザにできない場合には、プロペラは風車回転を起こし、主翼構造が壊れてエンジンやナセルが飛散することがある。機速が速過ぎたり遅過ぎたりすると、ストップの角度が不適当となって、フルフェザできないこともある。フルまではフェザできないが、半分ぐらいならフェザできるという場合よりも、全くフェザできない場合の方が操縦は困難になる。

この種のトラブルはプロペラ制御系統の故障またはフェザ・ポンプの故障による場合が多い。あるプロペラでは、ドームの中にエンジン油のスラッジが蓄積し、作動ピストンの動きを妨げることがある。ピストンの動きが妨げられると、ブレード角変更の範囲が狭まり、正しくフェザ位置まで行かなくなる。この種の不具合は、操作装置をフェザ位置に操作しているのに、プロペラが風車回転することから分かる。

7-4-6　ピッチのリバース

リバース操作は、大型機にあって着陸時に滑走距離を短縮する補助手段として認められ、実用されている。ピッチ・リバースの使用から生じるトラブルは、飛行中または進入時にピッチが不用意にリバースになってしまうといったものが主である。これらの問題を解析すると、ピッチ・リバースの問題は結局ピッチ制御の問題だということが分かる。リバース操作はエンジンのスロットル操作と関連させるのが望ましいが、このような制御機構を設ける場合には不用意にピッチがリバースに入る可能性が増大する。

つまり、エンジン・スロットルまたはパワー操作装置を極端に操作すると、プロペラがリバース・ピッチに入る恐れがあり、重大な結果を招くことになる。この可能性をなくすため、正常操作ではスロットルが行き過ぎないような、そして、プロペラ・ピッチをリバースに入れたい場合のみスロットルがさらに動かせるような、ストップを設ける必要がある。この種の操作装置の一つは≪持ち上げてからリバースに入れる方法≫（Lift-to-reverse）と呼ばれている。実用上では、摩耗、潤滑不足あるいは電気的または機械的な故障に起因するピッチ制御装置の故障を少なくすることが最も大切である。

7-4-7　腐　　食

プロペラの構成部品の腐食は可能な限り防がなければならない。塩水のかかる表面はメッキするか、またはなんらかの防食塗装をしなければならない。隠れた表面はしばしば点検して、大修理や交換が必要となる前に、腐食を見出し、修正しなければならない。

プロペラ腐食の大部分は、ハブおよびブレードの露出部分に生じる。錆および腐食は塗装がはがれた箇所から発生する。若干のプロペラ部品に対しては塩分を含んだ空気が特に激しく作用する。プロペラの閉じた室の中に湿気が入ると、錆や腐食が生じ検査が難しい。

湿気は、プロペラを使用していないときにも、正規使用中にも入る。正規使用中の湿気の浸入は低および高の両高度での運用の結果である。交互に低および高高度で使用するとプロペラ内の閉空間の圧力が変動し、高度変化に応じて呼吸する。種々の高度での運用中に、湿気を含んだ空気がガバナや同調装置などのプロペラ装備品の中へ吸い込まれ、温度変化によって凝縮し、水分となる。
プロペラの内部表面に凝縮した湿気は錆を発生させ、これが構成部品の機能を害する。腐食からさらに酸化が進むと、点検を怠れば、構造破壊に至ることもある。

プロペラ使用中に雨に当たると水分が直接、装備品の中へ浸入することもある。湿気浸入の原因が何であろうと、湿気を除去したり、あるいは酸化が進まないように露出面を保護しないと、腐食が始まる。

7-4-8　石、雨、あられなどによる損傷

じゃり、雨、みぞれなどの異物は、プロペラの正常運用中にブレードを傷付けることがある（エロージョン）。回転中のプロペラにこれらの異物が当たって鋭い刻み目や擦り傷を付けると、その箇所に応力集中が起こり、疲労破壊の原因となる。ブレードの寿命にとって最も危険なのは必ずしも大きな傷ではなく、小さくても鋭角を持つ傷ならば非常に高い応力集中を生じる。従って、この種の傷は承認された修理方法に従って擦り落とさなければならない。

7-5　プロペラのオーバホール

7-5-1　一　　般

プロペラのオーバホールは一般に、次のような工程を経て行われる。これらの作業はすべて製造会社の推しょうする方法に従って行わなければならない。

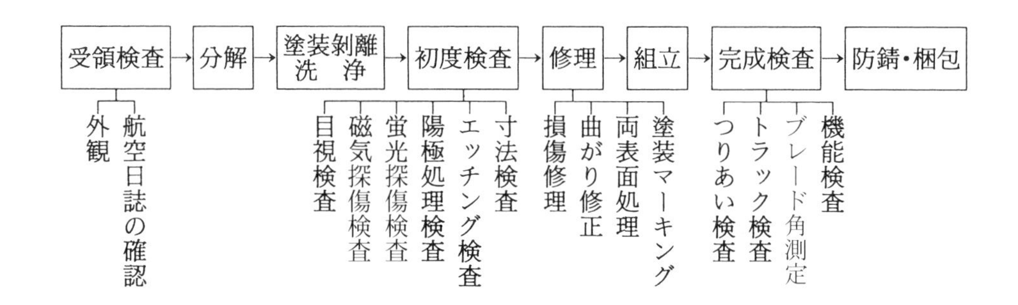

7-5-2　プロペラの非破壊探傷検査

プロペラの非破壊検査には、次のような種類がある。

a．磁気探傷検査（Magnetic Particle Inspection）

プロペラの鋼製部品、たとえば鋼製ハブやハミルトン・プロペラのスラスト・ワッシヤなどはすべて磁気検査によってクラックの検査が行われる。

b．蛍光探傷検査（Ultra-violet Light Inspection）

磁化することのできない非磁性部品の検査に用いられる。表面に欠陥を有する部品を洗浄し、蛍光物質を含んだ油の中に浸せば､油が欠陥部に浸透する。部品の表面についた余分の油を除去してから、部品を暗室内で紫外光線の下に置けば、欠陥部に入っていた油がにじみ出て、蛍光を発するので、欠陥を知ることができる。この検査法としてはザイグロが有名である。

アルミ合金製ブレードのシャンク部には、50% 航空用エンジン油と 50% 灯油の溶液を用いて蛍光探傷検査を行うことができる。この場合には、32 ～ 54 ℃に保った溶液中にシャンク部を 30 分以上浸し、槽から取り出してからトリクロル・エチレンを吹き付けて余分の溶液を除去し、15 分間放置する。この後、暗室で紫外線を当てると、割れがあれば明るい蛍光を発する線として現れる。

c．エッチング検査（Etching Inspection）

一般にエッチングとは、金属面に食刻性の薬品を流し、鍛造などによる金属粒子の流れの状態を観察するために用いる方法であるが、これを利用して表面の欠陥を発見することもできる。アルミ合金はカセイソーダを用いてエッチングすることができる。

アルミ合金製ブレードの全面エッチングを行う場合には、温い（71 ～ 82 ℃ぐらい）20% カセイソーダ水溶液（水 1 gal につき 6 ～ 8 oz のカセイソーダを溶かす）に 30 秒以上ブレードを浸す。次に、温水で洗ってから、20% 硝酸水溶液（濃縮硝酸 1 と水 5 より成るもの）に浸して中和し、黒色のあかを取る。再び温水に浸してから割れの検査をする。ブレード表面に割れがあると、暗黒色の線として現れる。検査後、ブレードを磨いておく。

ブレードの小部分だけを局部的にエッチングする場合には、上記と同じ水溶液を室温で用いる。割れのあると思われる部分を紙やすりで磨き、そこに少量の液を布またはブラシで塗る。暗黒色になったら水を浸した布でこれを適当にふき取る。割れがあると、暗黒色の線として現れ、5 ～ 10 倍の拡大鏡を用いれば小さな泡が線をなしているのが見られる。検査後 20% の硝酸液でカセイソーダを中和してから、水洗いし乾燥させる。

d．陽極処理検査（Anodizing Inspection）

アルミ合金製ブレードの表面の割れの検査にはエッチング法よりも陽極処理検査の方が優れており、その上、陽極処理を施せば表面の耐食性が増し、またペイントが付着しやすくなる。

電解液として工業用クロム酸（99.5% CrO_3）の水溶液（水 1 gal につき 5 ～ 10 oz のクロム酸）を用い、これを鋼製タンクに入れ、32 ～ 38 ℃ の温度に保つ。まずブレードの表面の付着物を除去するために石けん清浄剤または揮発性溶剤で洗浄する。次にブレードを電解液タンクに浸し、ブレードを陽極、タンクを陰極として直流を流し、10 分間に 40 V まで電圧を上げ、そのまま 30 分間保持する。陽極処理後、3 ～ 5 分間きれいな冷水に浸し、その後 15 分間以上ブレードを室温に保つ。この間、ブレードはラックに掛け、処理面上を自由に空気が流れるようにし、できるだけ早く乾燥させる。処理後 3 ～ 4 時間たったら目視検査をする。割れは褐色の線として現れる。

検査後、耐食性を持たせるため、77 ～ 88 ℃ の温水タンク中に 5 ～ 10 分浸す。この処理をホット・シール（Hot Sealing）という。

e．その他の検査法

以上のほかにプロペラ部品の検査には X 線検査、超音波探傷検査などが用いられる。これらの検査法は表面に現れていない欠陥を見出すのに利用することができ、中空鋼製ブレードの探傷などに用いられる。

7-5-3　ブレード角の測定

a．オーバホール時

オーバホール工場には、水平に据え付けられた定盤上にヘッドストック（Headstock）を取り付けた設備があり、このヘッドストックにブレードを取り付けて、**図 7-5** に示すようにブレード角を測定

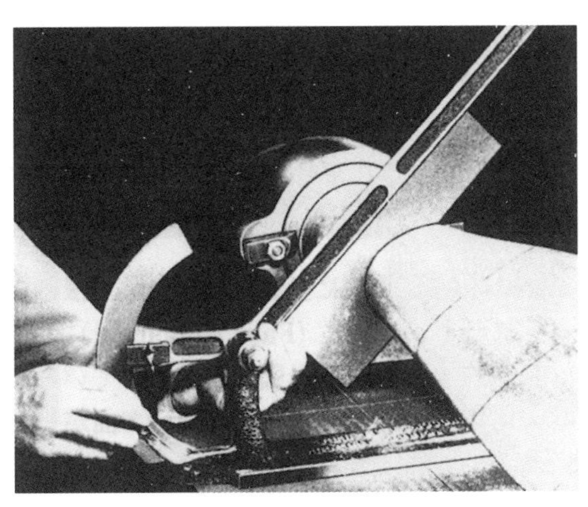

図 7-5　ブレード角の計測

する。この場合、ブレードは腹面を上にし、基準ステーションの弦が所定の角度になるようにしてヘッドストックに取り付ける。次に、各ステーションのブレード角を分度器で測定する。丸みを帯びたステーションに対しては図のように型板（Template）を用いる。

b．機体装着時

プロペラを機体に装着したままでブレード角を測定するには、万能分度器（Universal Protractor）を用いて**図 7-6** に示すように行う。

まずプロペラ軸の傾きを知るため、ハブのリテーニング・ナットまたは平らな前面に分度器を据え付け、水準器の泡が真上にくるまで円板を回し、角度 A を読む。次に、ブレード角を測定しようとするステーションの腹面に分度器を据え付け、同様にして角度 B を読む。このようにして（A ＋ B ＝ C）を求めれば、C の値がプロペラの回転面に対するブレード角を与える。

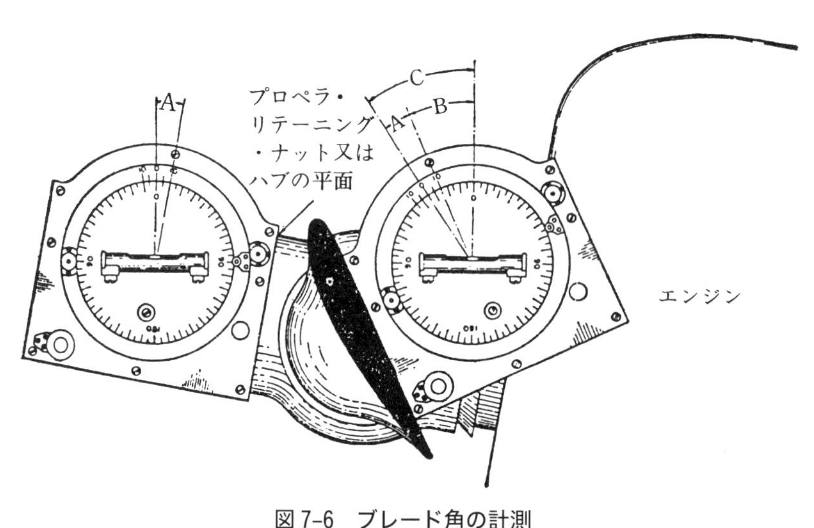

図 7-6　ブレード角の計測

7-5-4　ブレードの曲がりの測定と修理

a．アラインメントの検査

弦に平行に測った、ブレードの中心線から前縁までの長さを**エッジ・アラインメント**（Edge Alignment）、また、弦に垂直に測った、ブレードの中心線から腹面までの長さを**フェース・アラインメント**（Face Alignment）という。これらの値は各ステーションごとに定められ、設計図に記載されている。

そこで、プロペラのブレードが使用中なんらかの原因で曲がったかどうかを知るには、これらのアラインメントを測ればよい。フェース・アラインメントは表面処理ブレード（Surface Treated Blade：表面にショットピーニングまたは常温圧延を施したブレード）が使用中知らない間に衝撃を受けたかどうかを決める手段として用いられる。

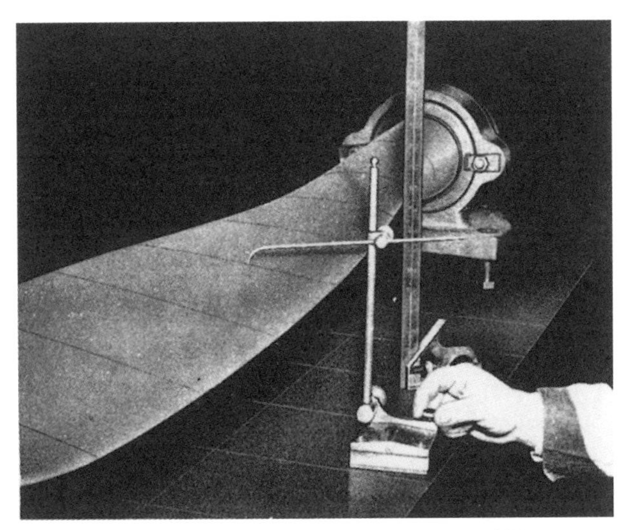

図 7-7　フェース・アラインメントの計測

(1)　フェース・アラインメントの測定

ブレードをヘッドストックに取り付け、腹面が上を向くように回す。次に、基準ステーション（ハミルトン式では 12 in）に型板を当て、弦線が定盤面と平行になるよう調整し、**図 7-7** に示すように、トースカンを用いてこのステーションの最高点を見出す。次に、定盤面から．この点までの距離を求め、この値から中心線高さを差し引けば、フェース・アラインメントが求まる。以上の方法を各ステーションについて行えば、各ステーションのフェース・アラインメントが求められる。

なお、最近では、**図 7-8** に示すような**ブレードアラインメント・ゲージ**が開発され、プロペラを機体に取り付けたまま、ライン整備でアラインメントを計測することができる。ハミルトン式プロペラでは、この計測を定期点検ごとに要求され、前回の計測値との差が 0.081 ～ 0.25 in（滑走路灯・鳥などによる衝撃を受けた場合は 0.041 ～ 0.25 in）ならば使用を中止して修理、0.25 in（雪堤・砂山などによる衝撃の場合は 0.04 in）以上ならば廃棄するよう定められている（ハミルトン社 Aluminium Blade Maintenance Manual を参照)。

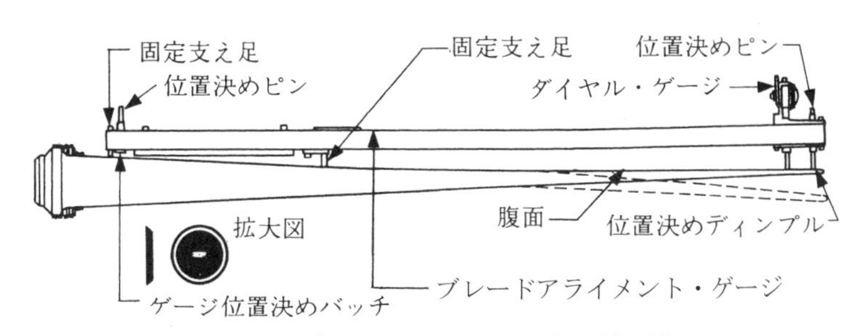

図 7-8　ブレードアラインメント・ゲージ

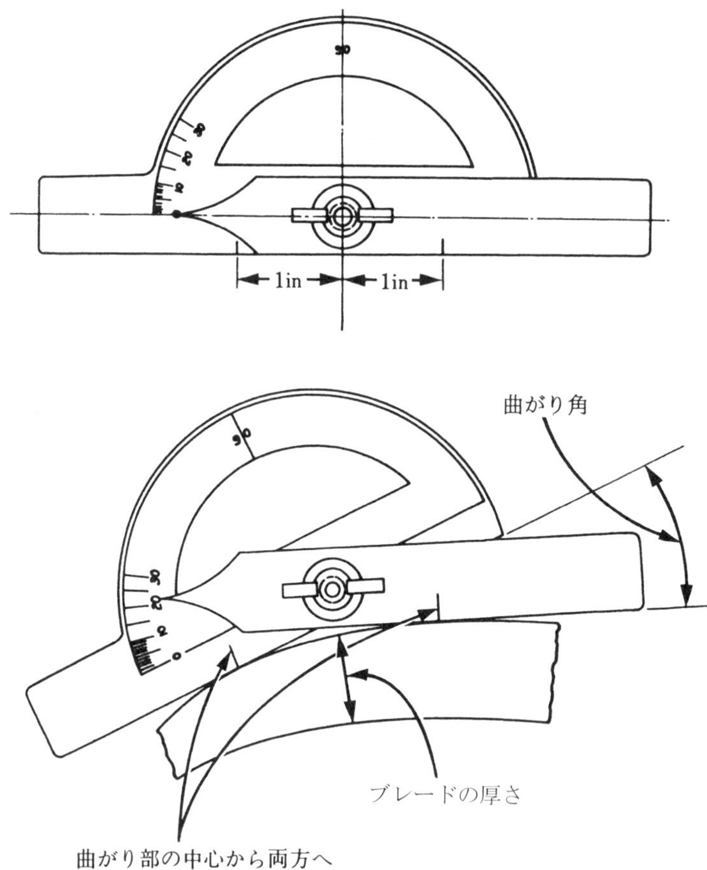

図 7-9　曲がり角度の計測

⑵　曲がりの修正

上記のようにして求めた実際のフェース・アラインメント値が指定値と異なっていれば、ブレードは曲がっていることになる。この曲がり量は**図 7-9** に示すような分度器を用いて測定する。この場合、曲がりの中心から両側へ 1 in ずつの距離の点で分度器の腕がブレード面に接するように分度器を用い、そのときの角度を読む。アルミ合金製ブレードについては、一般には、ブレード厚さ 0.15 in のところで 20°から厚さ 1.1 in のところで 0°を超えない限度の曲がりは冷間加工によって真っすぐにすることが許されるが、製造者が別に定めることもある。それ以上の曲がりは製造者などにおいて熱処理後修正することが要求される。

⑶　エッジ・アラインメントの測定および修正

エッジ・アラインメントは**図 7-10** に示すように、前縁を上にしてブレードをヘッドストックに取り付け、⑴項と同様の方法で測定する。

エッジ・アラインメントが指定値と異なれば、ブレードは曲がっていることになる。先端で 2 in 以上異なる場合はブレードを廃棄することが要求され、また、それ以下であってもブレードを焼なま

図 7-10　エッジ・アラインメントの計測

し状態にして曲がりを修正しなければならないから、この修正は製造者または修理認定工場に依頼しなければならない。

7-5-5　つりあい検査および修正

a．一　　般

プロペラが不つりあいであると、機体構造やエンジン・ナセル、座席、操縦装置、配管類などに振動を生じる。そこで、使用中に振動を生じ、これがプロペラに起因することが分かった場合や、オーバホールなどの修理を施した場合には、プロペラのつりあい検査を行う。

つりあい検査には**図 7-11** に示すようなバランス・スタンド（つりあい台）を用いる。両そでの上

図 7-11　バランス・スタンド

部にはナイフ・エッジがついており、この上にプロペラを乗せる。

いま、２枚のブレードを持つプロペラを水平にバランス・スタンド上に乗せた場合を考えよう。両ブレードが同じ重さであっても、重心位置が中心線から等距離の垂直線上になければ、不つりあいを生じ、バランス・スタンド上でプロペラが回ることになる。このようなつりあいを**水平つりあい**という。水平つりあいがとれていれば、各ブレードの重心はバット面から等距離に位置することになる。しかし、水平つりあいだけでは、ブレードの中心線に関して重心が対称位置にあるかどうかは分からない。これを調べるためには、プロペラを垂直にバランス・スタンドに乗せ、ブレード角を回転面に対し0°および 90°にセットしてみればよい。このつりあいを**垂直つりあい**という。完全に垂直つりあいがとれていれば、各ブレードの重心はブレード中心線に関して同じ対称位置にあることが分かる。

所定の許容値を超える不つりあいがある場合にはブレードを研削したり、曲げたり、つりあい用の穴を開けたりして修正することができるが、この修正は製造会社の指示に従って行わなければならない。

b．ハミルトン・スタンダード式プロペラのつりあい検査法の一例

次の手順によって検査する。

⑴　水平つりあい

①　テーパ穴に適当なスリーブを挿入する。

②　ブレードをつりあい検査用ハブに取り付け、気泡分度器を用いて、基準ステーションのブレード角が回転面に対して 0°になるようにセットする。

③　つりあい検査用アーバ（Arbor）をハブに取り付ける。

④　ハブおよびアーバをバランス・スタンドに乗せる。

⑤　ブレードを水平位置にし、つりあいを検査する。

⑥　回転する場合には、軽い方のブレードのテーパ穴内に鉛ウールの重りを挿入して回転を止める。

⑦　鉛ウールの重さが所定の許容値を超える場合には重い方のブレードを研削して軽くする。この研削は垂直つりあい決定後に行い、ブレード背面の中心線の両側から等量ずつ削り取る。

⑧　水平つりあいを再検査する。

⑨（ブレード重さ）× 0.02 in-lb 以下のモーメントならば合格とみなす。

⑵　垂直つりあい

①　気泡分度器を用い、各ブレードの基準ステーションのブレード角が回転面に対して 0°になるようにセットする。

②　ブレードが垂直位置になるようハブを回す。この場合、水平つりあいで決定された軽い方のブレードを上にして、垂直つりあいを検査する。

③　回転する場合には、軽い方のブレードの前縁または後縁付近のフラット・スラスト・ワッシャ上に鉛ウールを乗せて回転を止める。

④　重い方のブレードに重い量を記録しておく。

⑤　次に、基準ステーションのブレード角が回転面に対して 90°になるようにセットし直す。

⑥　軽い方のブレードを上にして垂直位置にし、つりあいを検査する。⑶と同様に鉛ウールを乗せ、また⑷と同様に重い量を記録する。

⑦　（ブレードの重さ）×（± 0.006）in-lb 以内のモーメントならば合格とする。

（以下、余白）

索　　引

ア行

カ行

サ行

タ行

ナ行

ハ行

索　　引

マ行

ヤ行

ラ行

本書の記載内容についての御質問やお問合せは、公益社団法人日本航空技術協会　教育出版部まで文書、電話、eメールなどにてご連絡ください。

2004年３月24日　第１版　第１刷発行
2007年３月31日　第２版　第１刷発行
2008年３月31日　第２版　第２刷発行
2009年３月31日　第２版　第３刷発行
2009年４月30日　第２版　第４刷発行
2010年４月30日　第２版　第５刷発行
2012年３月31日　第２版　第６刷発行
2013年３月31日　第２版　第７刷発行
2014年３月31日　第３版　第１刷発行
2018年３月31日　第４版　第１刷発行
2021年２月26日　第４版　第２刷発行

航空工学講座　第６巻

プ ロ ペ ラ

2008 ©　編　者　公益社団法人　日本航空技術協会

発行所　公益社団法人　日本航空技術協会
〒144-0041　大田区羽田空港１－６－６
電話　東京（03）3747－7602
FAX　東京（03）3747－7570
振替口座　東京　00110-7-43414
URL　https://www.jaea.or.jp

印刷所　株式会社　丸井工文社

Printed in Japan

ISBN978-4-902151-94-7